ゼロからはじめる 「RC+S構造」演習

原口秀昭——著

陳曄亭——譯

圖解RC造+S造練習入門

一次精通鋼筋混凝土造+鋼骨造的
基本知識、應用和計算

本書文中所載的簡稱

建築基準法：基準法

建設省公告：建告

國交省公告：國告

日本建築學會 鋼筋混凝土結構計算規範‧與解說：RC 規範

日本建築學會 鋼筋混凝土造配筋指南‧與解說：配筋指南

日本建築學會 壁式結構關係設計規範‧與解說：壁規範

日本建築學會 鋼結構設計規範：鋼規範

日本建築學會 鋼結構設計規範－容許應力設計法：鋼規範－容許

日本建築學會 鋼結構接合部設計指南：鋼接指南

國土交通省等 建築物的結構關係技術基準解說書：技術基準

結構常用的英文單字‧記號

compression：壓力

tension：拉力

bending：彎曲

stress：（應力施予）內力、拉力

pre －：預

post －：後

yield：降伏

elasticity：彈性

plasticity：塑性

ultimate：極限

allowance：容許

gross：總體

web：腹板

ratio：比

proportion：比例

σ（sigma）：軸向應力

τ（tau）：剪應力

ε（epsilon）：應變（變形長度／原長）

θ（theta）：撓角

δ（delta）：變位、變形量

前言

結構力學離建築好遠啊⋯⋯

這是學生時代老是翹課的筆者，畢業後慌張地讀起入門書時所感覺到的體悟。在不得不學習結構的情況下，開始讀起結構力學的入門書，但結構力學實在是一門相當抽象的學問體系，總有種離建物本身很遙遠的印象。建築跟結構就像是遠親啊。

這次本書的組成是為了學習 RC 造、S 造等具體結構。為了綜觀整體，先以各種結構方式起始，接著往材料、結構各部位等進行說明。連常被說難懂的極限水平承載力，也都加進來。練習問題主要是取自日本一級、二級建築師的考古題。蒐集類似的問題，藉由減少選項獲得較佳的學習成效。重複的說明，就是要讓重要的事項經由解說不斷複誦。

全書都附有圖解，用心地透過圖像化，讓困難的理論變得簡單易懂。總之，就是徹底使用繪畫、圖像、漫畫，努力使讀者吸收理論知識。這個系列的開始，是筆者為了讓任教的女子大學生能夠克服不擅長的領域，而在部落格刊載附有漫畫的文章（http://plaza.rakuten.co.jp/mikao/）。本書已是第 11 本，在各國也出版了翻譯本。

關於規定值的數字，依參考資料或歷屆考題的不同，或與前作有些許差異。例如不可使用搭接續接而要瓦斯壓接的鋼筋直徑，在日本建築學會的說明書中是 D29 以上，但在日本建築師歷屆考題中則是 D35 以上。在這樣的情況下，由於本書的對象是建築師考生，因此會採用建築師歷屆考題的數值。另外，如今已非正確用語的「開槽銲」，都修正為「全滲透開槽銲」。

「你畫圖很快，可以多在書上畫圖或使用圖解。」這是學生時代的恩師鈴木博之先生給筆者的建議。大學時代在雜誌《都市住宅》特輯中執筆的文章，就是筆者投入寫作行列的開端。此後，只要工作一有空閒，便拚命寫作。鈴木博之先生已在最近往生仙界，在信件中寫下的勉勵話語，就是給筆者的最後留言。因應市場的需求，已經出版了許多本結構的書籍，但筆者的興趣一直是建築本身。今後也會繼續寫作，若是對大家的學習有幫助，就是筆者最大的幸福。

製作企畫並持續給予筆者壓力的中神和彥先生，以及進行繁雜編輯作業的彰國社編輯部尾關惠小姐，還有給予許多指導的專家學者們、專業書籍的作者們、部落格的讀者們，以及提問的學生們，藉由這個機會，致上最深的感謝。真的非常謝謝大家。

2014 年 10 月

原口秀昭

目次 CONTENTS

圖解RC造+S造
練習入門

Q RC構架結構是什麼？

▼

A 將鋼筋混凝土的柱和梁以剛接組合而成的結構。

....

■ RC是 reinforced concrete 的縮寫，直譯是補強過的混凝土。混凝土的抗拉力非常弱，會馬上裂開，因此以鋼筋作為補強的鋼筋混凝土，大約在 19 世紀中葉出現，並且廣泛地使用至今。

rahmen（構架）在德文裡是骨架組立的意思，建築中的構架則是指柱梁為直角固定（剛接），就能夠進行支撐的結構。為了區別沒有剪力牆的構架，亦可稱為單純構架。

將構架比喻為桌子會比較容易了解。桌腳（柱）和橫條（梁）保持直角，上方再承載桌板（樓板）。若是省去橫條，直接將桌腳裝設在桌板上，會難以維持直角，產生搖晃。實際上構架的基礎（柱腳）會附有很粗的橫條（基礎梁），地板（樓板）則是和橫條（梁）完全一體化。

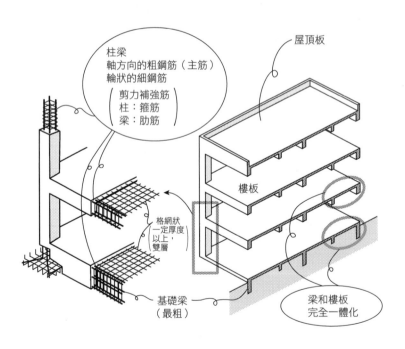

柱梁
軸方向的粗鋼筋（主筋）
輪狀的細鋼筋

剪力補強筋
柱：箍筋
梁：肋筋

屋頂板

樓板

格網狀
一定厚度
以上，
雙層

基礎梁
（最粗）

梁和樓板
完全一體化

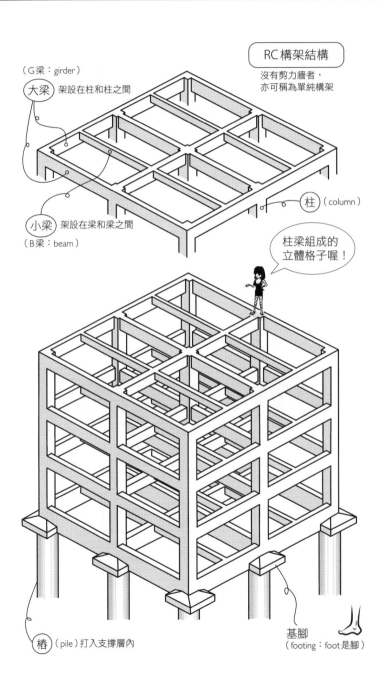

RC構架結構
沒有剪力牆者，
亦可稱為單純構架

（G梁：girder）

大梁 架設在柱和柱之間

小梁 架設在梁和梁之間
（B梁：beam）

柱（column）

柱梁組成的
立體格子喔！

樁（pile）打入支撐層內

基腳
（footing：foot是腳）

Q RC剪力牆構架結構是什麼？

▼

A 鋼筋混凝土的柱梁以剛接接合，在各處加入用以抵抗地震水平力的牆的結構。

⬛ 只有柱梁架構的構架結構（單純構架結構），抗水平力較弱，具有容易變形成平行四邊形的性質。在大地震時，此變形就形成吸收能量的柔性結構。對桌子施加橫向力時，桌腳會往左右傾倒，若加入橫條，就形成不易破壞的堅固結構。在桌子的桌腳之間加入板，也不容易變形成平行四邊形。單純構架結構的架構中，若是平均加入剪力牆，受水平力作用時就不易變形，較為堅固，形成可抵抗地震力且不易變形的剛性結構。公寓的隔戶牆常以剪力牆製作，在中小規模的RC造中，這是最常使用的結構形式。

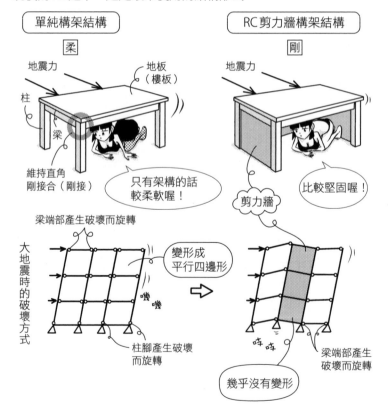

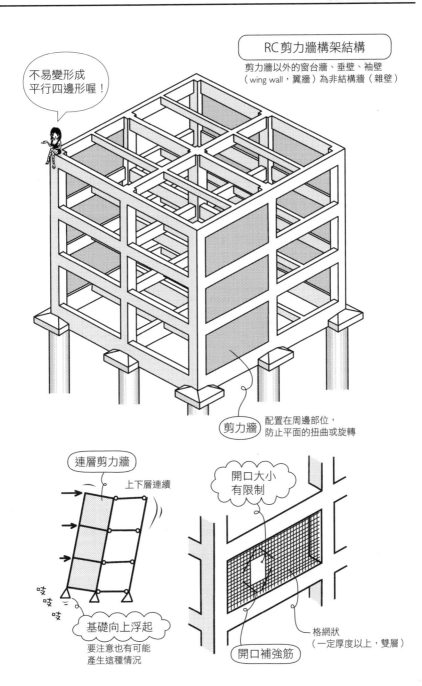

RC剪力牆構架結構

剪力牆以外的窗台牆、垂壁、袖壁
（wing wall，翼牆）為非結構牆（雜壁）

不易變形成
平行四邊形喔！

剪力牆 — 配置在周邊部位，
防止平面的扭曲或旋轉

連層剪力牆

上下層連續

基礎向上浮起

要注意也有可能
產生這種情況

開口大小
有限制

格網狀
（一定厚度以上，雙層）

開口補強筋

Q RC壁式結構是什麼？

▼

A 用鋼筋混凝土製作的牆和樓板所組成的結構。

....

相對於構架結構是由構件所組成，壁式結構（壁結構）是以面來組成的結構方式。構架結構若是桌子，壁式結構就是紙箱。紙箱會開孔，作為窗戶或門扇，若是不保留牆的部分，就無法支撐重量。上下層支撐重量的牆（承重牆）必須在相同位置。窗戶上方的牆會當成壁梁保留下來，否則無法支撐樓板，也無法維持箱子的穩固。

壁式結構沒有煩人的柱梁，感覺較清爽，但不能設置大開口，承重牆較多，要改造也比較麻煩，不適合作為商業設施。這種結構形式最適合上下層為相同平面的集合住宅。

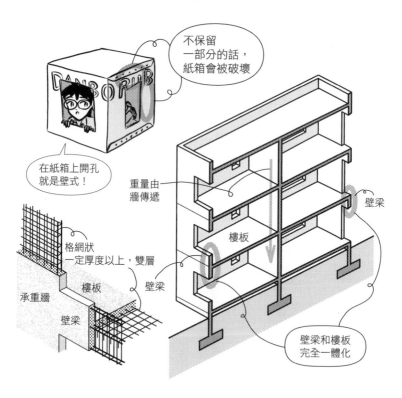

不保留一部分的話，紙箱會被破壞

在紙箱上開孔就是壁式！

格網狀
一定厚度以上，雙層

重量由牆傳遞

壁梁

樓板

壁梁

承重牆

樓板

壁梁

壁梁和樓板完全一體化

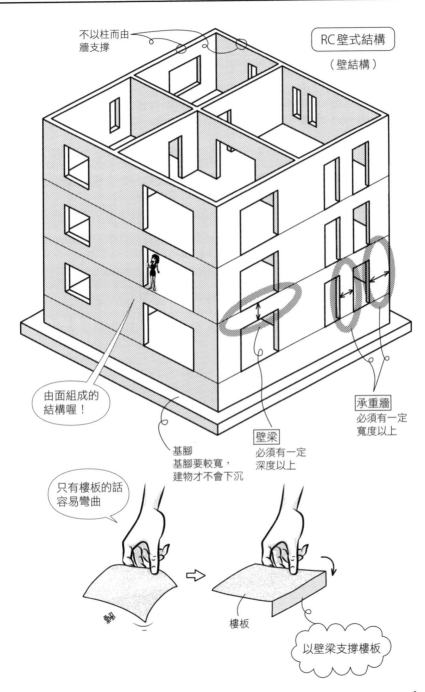

不以柱而由
牆支撐

RC壁式結構

（壁結構）

1

結構形式

由面組成的
結構喔！

承重牆
必須有一定
寬度以上

基腳
基腳要較寬，
建物才不會下沉

壁梁
必須有一定
深度以上

只有樓板的話
容易彎曲

樓板

以壁梁支撐樓板

Q PCa壁式結構是什麼？

▼

A 以預鑄混凝土板在現場進行組立，以牆支撐的結構。

....

預鑄（precast）就是預先（pre）放入模具中製造（cast）的意思。
將鐵熔化放入鑄型，稱為鑄鐵（cast iron）。cast有放入模具中製造，也就是鑄造的意思。

現場製作模板，在其中組合鋼筋，澆置預拌混凝土硬固而成者，是鋼筋混凝土最普通的製作方式。而預鑄混凝土則是在工廠所製作的模板中組立鋼筋，澆置預拌混凝土。下方施予振動，使混凝土能夠水平灌入金屬製的模板中，就算是水分較少的預拌混凝土，也能順利進行填充，製作出密實的混凝土。除了結構體的壁板、樓板，也常用以製作外裝材的壁板（curtain wall：帷幕牆）。

預鑄混凝土取 Pre Cast 的縮寫，寫為 PCa。也有人說 PC，但 PC 常用為預力混凝土的縮寫，為了避免混淆，還是使用 PCa 吧。

| cast | → | pre cast | → | PCa |
| 放入模具中製造 | | 預先放入模具中製造 | | 預鑄混凝土 |

PCa壁式結構就是將在工廠製作而成的PCa壁板、樓板等，以卡車運至現場進行組立的壁式結構。為了固定接合部，鋼筋之間會以聯結用的金屬構件或銲接等進行接合。鋼筋之間的銲接呈現喇叭狀的斷面形式者，稱為喇叭形銲接。銲接作業一般都是使用電弧放電的熱能，即電弧銲接。

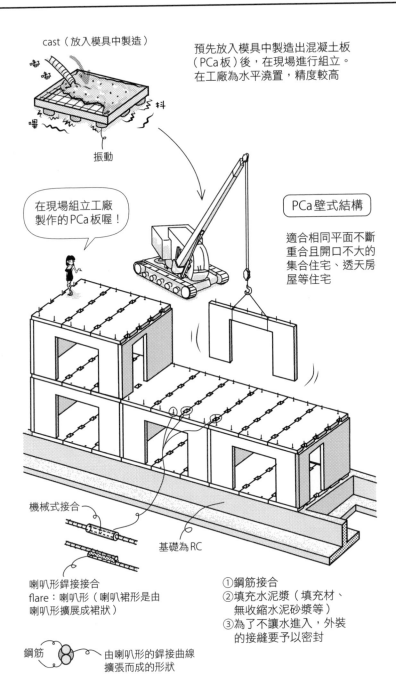

cast（放入模具中製造）

預先放入模具中製造出混凝土板
（PCa板）後，在現場進行組立。
在工廠為水平澆置，精度較高

振動

在現場組立工廠
製作的PCa板喔！

PCa壁式結構

適合相同平面不斷
重合且開口不大的
集合住宅、透天房
屋等住宅

機械式接合

基礎為RC

喇叭形銲接接合
flare：喇叭形（喇叭裙形是由
喇叭形擴展成裙狀）

①鋼筋接合
②填充水泥漿（填充材、
　無收縮水泥砂漿等）
③為了不讓水進入，外裝
　的接縫要予以密封

鋼筋　由喇叭形的銲接曲線
擴張而成的形狀

1

結構形式

Q 預力（PC）結構是什麼？

▼

A 梁或樓板等，在實際承受荷重作用之前，預先以高拉力鋼索施加拉力。

....

預先（pre）施加應力（stressed）的混凝土（concrete）結構，稱為 PC結構（PRC結構）。預先讓混凝土硬固，再運至現場的預鑄混凝土，縮寫也是PC，很容易和預力結構混淆，因此常縮寫為PCa。

施加拉力在梁上時，梁斷面產生壓應力作用，就可以避免抗拉較弱的混凝土開裂。拉力鋼索在中央呈現向下彎的曲線狀，可以產生向上壓的力量。

①先拉法

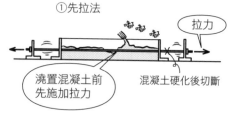

②後拉法

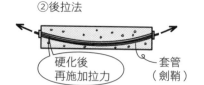

• 在RC造的構架下，可以併用一部分的預力混凝土構架。

①現場將套管穿過梁。 後拉法

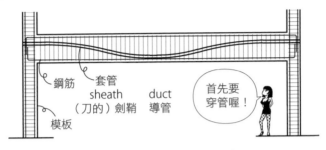

鋼筋
套管
sheath　　　duct
（刀的）劍鞘　導管
模板

首先要
穿管喔！

②澆置混凝土後，將PC鋼索插入套管內並施加拉力。

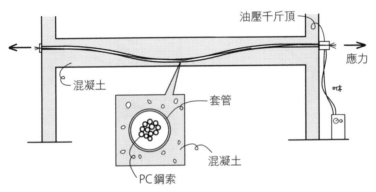

油壓千斤頂

應力

混凝土

套管

PC鋼索

混凝土

③套管內填充水泥漿固定。

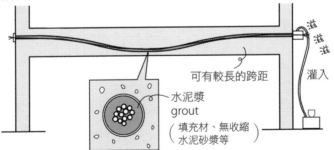

可有較長的跨距

灌入

水泥漿
grout
（填充材、無收縮
　水泥砂漿等）

PC結構使用的拉力材稱為PC鋼材，
PC鋼材有PC鋼線，再粗一點的PC鋼
索，還有棒狀的PC鋼棒。套管內填
入水泥漿（填充材）固定者，稱為握
裏工法，不填充者則為無握裏工法。

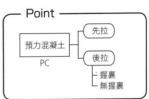

Point

預力混凝土　先拉
PC　　　　後拉
　　　　　握裏
　　　　　無握裏

1

結構形式

Q S構架結構是什麼？

▼

A 鋼骨的柱和梁以剛接組合而成的結構。

S是steel（鋼）的縮寫，也就是鋼骨。大部分流通的鐵（iron）都是有一定碳含量的鋼。S構架結構可以比喻為鐵製的桌子。桌腳（柱）和板下的橫條（梁）要維持直角。一般來說，柱會使用中空的箱型鋼柱，梁則是H型鋼。柱和梁的接合方式，是在工廠先使用托架（bracket）等的續接進行銲接，現場再以高拉力螺栓接合。銲接大多是在工廠進行，可靠性較佳。

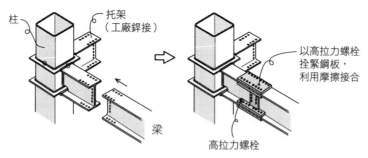

一般以鋼承鈑為樓板，架設在梁上，上方鋪設鋼筋後澆置混凝土。

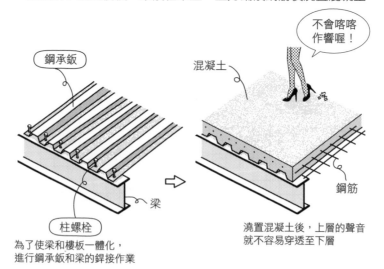

不會喀喀作響喔！

為了使梁和樓板一體化，
進行鋼承鈑和梁的銲接作業

澆置混凝土後，上層的聲音
就不容易穿透至下層

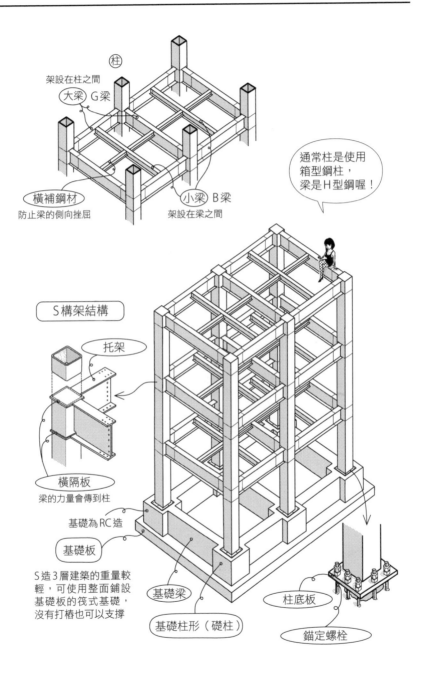

柱

架設在柱之間

大梁 G 梁

橫補鋼材
防止梁的側向挫屈

小梁 B 梁
架設在梁之間

通常柱是使用
箱型鋼柱,
梁是H型鋼喔!

S構架結構

托架

橫隔板
梁的力量會傳到柱

基礎為RC造

基礎板

S造3層建築的重量較
輕,可使用整面鋪設
基礎板的筏式基礎,
沒有打樁也可以支撐

基礎梁

基礎柱形(礎柱)

柱底板

錨定螺栓

Q S斜撐構架結構是什麼？

▼

A 鋼骨的柱梁為剛接，在各處加入斜撐以抵抗地震水平力的結構。

◆ 斜撐（brace）是指斜撐材，用以防止柱傾倒時，柱梁變形成平行四邊形。構架的柱梁為剛接，可以維持直角，加入斜撐則是補強其抗水平力。因此比起單純構架結構，柱梁可以比較細。RC剪力牆構架也是類似的形式。

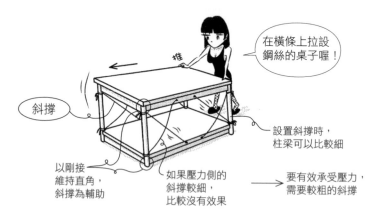

在橫條上拉設鋼絲的桌子喔！

斜撐

設置斜撐時，柱梁可以比較細

以剛接維持直角，斜撐為輔助

如果壓力側的斜撐較細，比較沒有效果

要有效承受壓力，需要較粗的斜撐

細斜撐受壓時容易鬆弛挫屈，只對抗拉有效。地板鋪設ALC（輕質混凝土）板時，可以在地面加入斜撐以保持剛性。

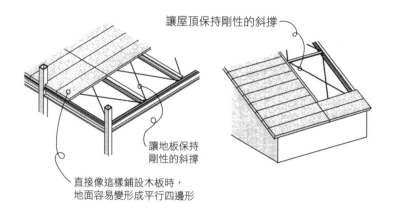

讓屋頂保持剛性的斜撐

讓地板保持剛性的斜撐

直接像這樣鋪設木板時，地面容易變形成平行四邊形

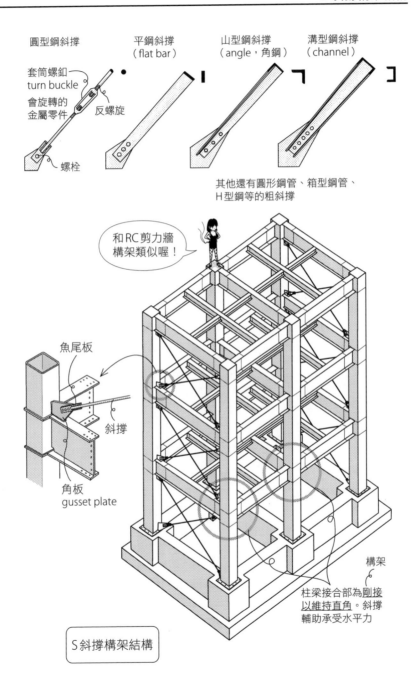

圓型鋼斜撐

套筒螺釦
turn buckle
會旋轉的
金屬零件
反螺旋
螺栓

平鋼斜撐
（flat bar）

山型鋼斜撐
（angle，角鋼）

溝型鋼斜撐
（channel）

其他還有圓形鋼管、箱型鋼管、
H型鋼等的粗斜撐

1

結構形式

和RC剪力牆
構架類似喔！

魚尾板

斜撐

角板
gusset plate

構架

柱梁接合部為剛接
以維持直角。斜撐
輔助承受水平力

S斜撐構架結構

21

Q S單向構架結構是什麼？

▼

A 鋼骨的柱梁單一方向以剛性接合，另一方向以斜撐維持直角的結構。

....

◆ 將門型構架如隧道般並排的結構。梁的架設方向為構架，深度方向則設置斜撐，使門型不會傾倒。深度方向的牆都有斜撐，是適合工廠、倉庫、體育館等的結構方式。

門型固定 ⇒ 將之並排

將門型構架做成屋頂形狀者，稱為山型構架。此結構常用於小型工廠。支承和梁中央部位皆為鉸接（pin）者，為三鉸構架（three hinge frame）。可單以力平衡求出反力、內力的靜定結構，也會隨著地面或構材產生移動。與艾菲爾鐵塔同時期建造的巴黎萬國博覽會機械館（1889，都特〔F. Dutert〕和康塔明〔V. Contamin〕設計），就是以三鉸構架實現巨大空間的成功案例。

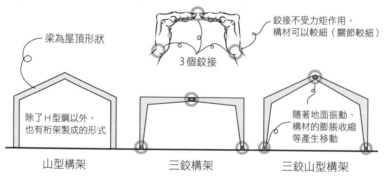

梁為屋頂形狀

鉸接不受力矩作用，構材可以較細（關節較細）

3個鉸接

除了H型鋼以外，也有桁架製成的形式

隨著地面振動、構材的膨脹收縮等產生移動

山型構架　　三鉸構架　　三鉸山型構架

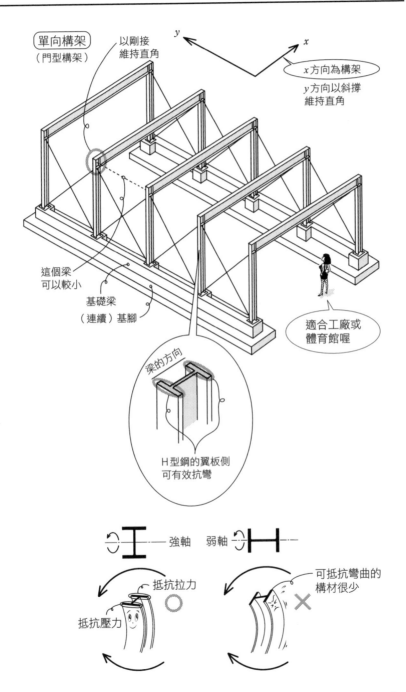

單向構架
（門型構架）

以剛接
維持直角

y

x

x方向為構架

y方向以斜撐
維持直角

這個梁
可以較小

基礎梁
（連續）基腳

梁的方向

H型鋼的翼板側
可有效抗彎

適合工廠或
體育館喔

強軸　　弱軸

抵抗拉力

可抵抗彎曲的
構材很少

抵抗壓力

○

✕

1

結構形式

Q SRC構架結構是什麼？

▼

A 鋼骨鋼筋混凝土的柱梁，以剛接組合而成的結構。

在S（steel）的構架周圍，以RC（reinforced concrete）予以硬固的結構。和RC剪力牆構架結構相同，可在重點位置加入RC剪力牆。

①組立鋼骨（S）　　　　　　　②組立鋼筋（R）

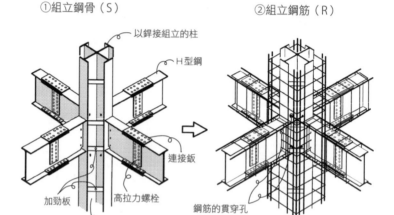

以銲接組立的柱

H型鋼

連接鈑

加勁板　　高拉力螺栓

容易灌入混凝土的柱形

鋼筋的貫穿孔

柱可以是用鋼板銲接組成的十字型、L字型、T字型，或是使用箱型鋼管、圓形鋼管。若混凝土不易灌入鋼管內，可從下方填充至頂部。

③澆置混凝土（C）

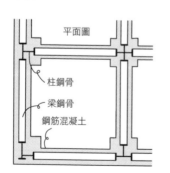

平面圖

柱鋼骨

梁鋼骨

鋼筋混凝土

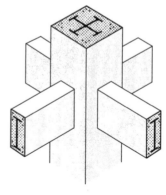

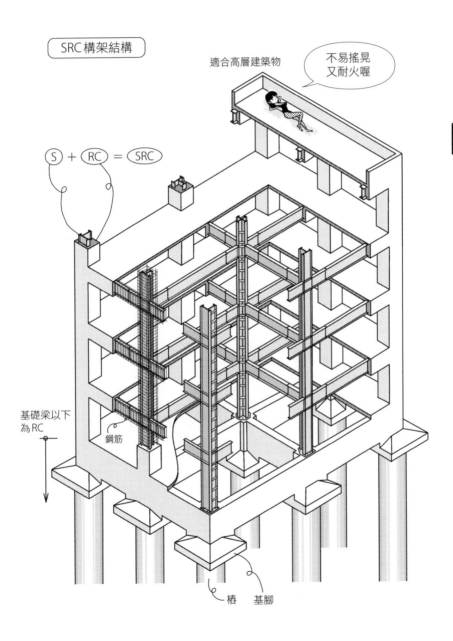

SRC 構架結構

適合高層建築物

不易搖晃
又耐火喔

S + RC = SRC

基礎梁以下
為RC

鋼筋

椿　基腳

Q LGS造（輕量鋼骨造）是什麼？

▼

A 以板厚6mm以下的鋼板組成柱梁，牆和樓板加入斜撐的結構。

就想成是將木造軸組置換成鋼骨的結構，可以製作出許多較細、較輕的柱子。柱梁的接合不是剛接，而是使用鉸接，容易變形成平行四邊形，因此要在牆和地板加入斜撐。亦可稱為<u>斜撐結構</u>。

主要使用2.3～4.5mm厚的構材，大部分是由鋼板彎折而成的C型鋼。其他還有延壓而成的小型H型鋼、L型鋼（山型鋼、角鋼）、箱型鋼管等。

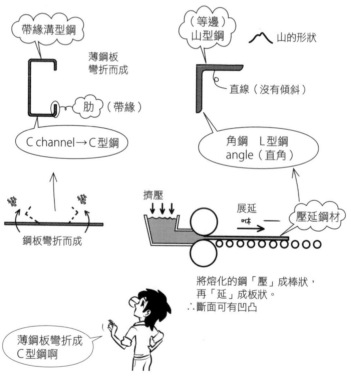

帶緣溝型鋼

薄鋼板彎折而成

肋（帶緣）

C channel→C型鋼

鋼板彎折而成

薄鋼板彎折成C型鋼啊

（等邊）山型鋼

山的形狀

直線（沒有傾斜）

角鋼　L型鋼
angle（直角）

擠壓

展延

壓延鋼材

將熔化的鋼「壓」成棒狀，再「延」成板狀。
∴斷面可有凹凸

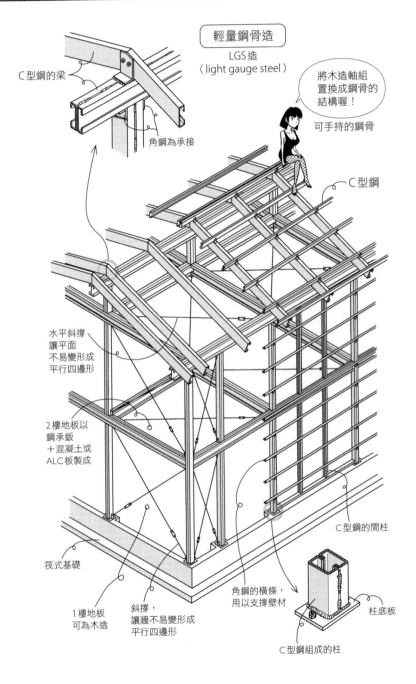

C 型鋼的梁

角鋼為承接

輕量鋼骨造
LGS 造
（light gauge steel）

將木造軸組
置換成鋼骨的
結構喔！

可手持的鋼骨

C 型鋼

水平斜撐
讓平面
不易變形成
平行四邊形

2樓地板以
鋼承鈑
＋混凝土或
ALC板製成

筏式基礎

1樓地板
可為木造

斜撐，
讓牆不易變形成
平行四邊形

角鋼的橫條，
用以支撐壁材

C 型鋼的間柱

柱底板

C 型鋼組成的柱

1 結構形式

Q 加強磚造是什麼？

▼

A 將以鋼筋補強的混凝土磚，向上堆砌製成牆，上方再架設鋼筋混凝土造的梁和樓板而成的結構。

....

石材、磚材等堆砌組合的<u>砌體結構</u>，在地震頻繁的日本很容易崩壞。因此不能只堆砌空洞的混凝土磚，要有鋼筋和水泥砂漿的水平力作用，才不容易破壞。樓板為RC造，且板需要梁作支撐，因此在牆的上半部附有RC造的梁。加強磚造的梁，稱為<u>臥梁</u>。其他的類似結構還有使用模板狀混凝土磚的<u>模板混凝土磚造</u>。

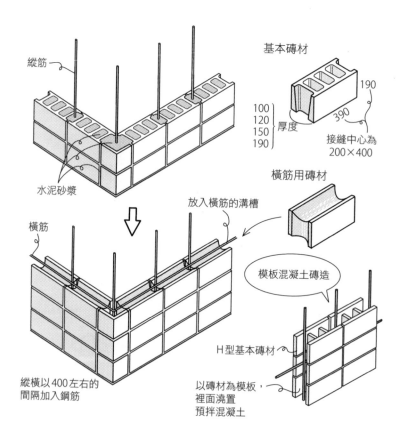

縱筋

水泥砂漿

橫筋

放入橫筋的溝槽

縱橫以400左右的間隔加入鋼筋

基本磚材

190

390

100
120
150
190

厚度

接縫中心為
200×400

橫筋用磚材

模板混凝土磚造

H型基本磚材

以磚材為模板，
裡面澆置
預拌混凝土

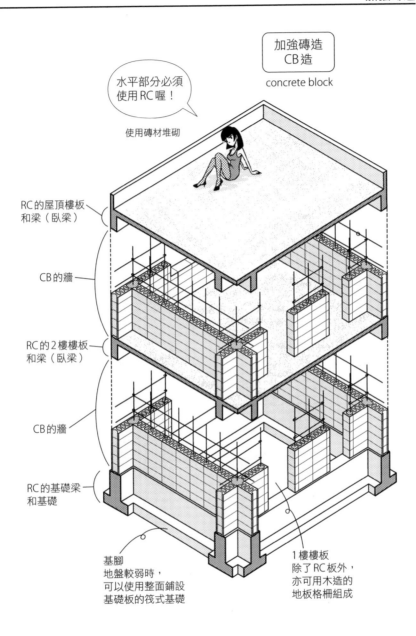

加強磚造
CB 造

concrete block

水平部分必須
使用RC喔！

使用磚材堆砌

RC的屋頂樓板
和梁（臥梁）

CB的牆

RC的2樓樓板
和梁（臥梁）

CB的牆

RC的基礎梁
和基礎

基腳
地盤較弱時，
可以使用整面鋪設
基礎板的筏式基礎

1樓樓板
除了RC板外，
亦可用木造的
地板格柵組成

1

結構形式

在此總結一下結構構架的製作方式。RC造、S造、SRC造、CB造的結構形式，就在這裡記下來吧。

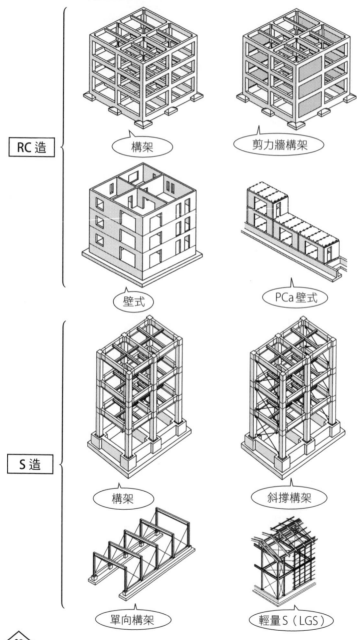

RC造

構架　　剪力牆構架

壁式　　PCa壁式

S造

構架　　斜撐構架

單向構架　　輕量S（LGS）

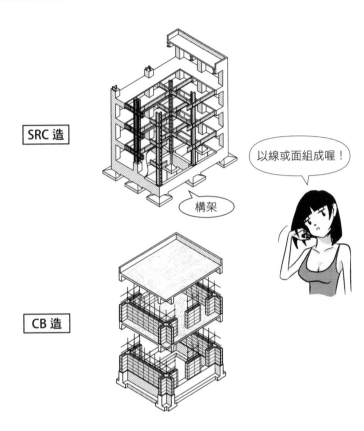

SRC 造

以線或面組成喔！

構架

CB 造

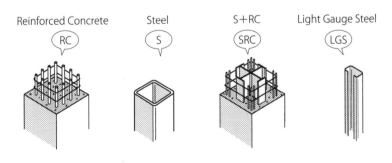

Reinforced Concrete

RC

Steel

S

S＋RC

SRC

Light Gauge Steel

LGS

柱的形式

Q **1.** 在混凝土硬化初期期間，若是水分太少，導致水泥於水化反應所需的水分不足時，會對混凝土強度的形成造成阻礙。

2. 混凝土的強度，比起進行空氣養護，在水中養護更能增加強度。

3. 水泥進行水合後，隨著時間逐漸乾燥，其強度也跟著增加，為氣硬性材料。

. . . .

A 水化反應是水泥和水融合產生硬化的反應，這個性質稱為水泥的水硬性。所以 **3** 的氣硬性是錯誤的，正確為水硬性。水泥不是因為乾燥而硬固，而是因為水化反應產生硬固。水化反應所需的水分不足時，就會影響硬固（**1** 為○）。為了不讓模板吸收水分，在澆置混凝土前會用水浸濕，混凝土澆置之後則會灑水，用防水布或草蓆掩蓋起來，避免因為水分不足而產生硬化不良的情況。現場基本上都是使用濕治養護（moist curing）。

放入水桶或鐵桶等進行水中養護，可以隨時補充水分，比起表面水分容易氣化消失的空氣養護，水中養護的強度會更好（**2** 為○）。

. . . .

答案 ▶ **1.** ○ **2.** ○ **3.** ×

Q 1. 在波特蘭水泥中，為了調整凝結時間會混合石膏來使用。

2. 水泥的粒子越大，混凝土越早產生初期強度。

3. 混凝土若是使用長時間放置後的水泥，其抗壓強度會降低。

....

A 一般使用的水泥多是波特蘭水泥，由於和英國波特蘭島上所產的石灰石十分相似，因而得名。

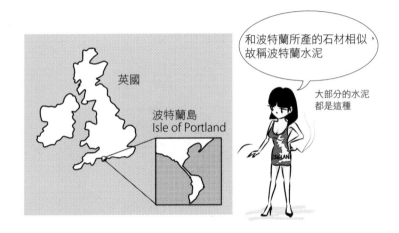

和波特蘭所產的石材相似，故稱波特蘭水泥

大部分的水泥都是這種

英國

波特蘭島
Isle of Portland

將石灰石加上黏土煅燒，最後加入石膏的粉末狀物品，稱為水泥。加入石膏是為了調整硬固的時間（**1**為○）。<u>水泥的粒子較小時，可以和周圍的水快速進行水化反應，較快出現強度。</u>（**2**為✕）。而水泥越舊，強度就越差（**3**為○）。

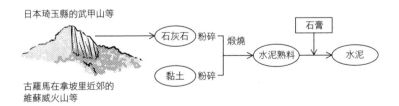

日本埼玉縣的武甲山等

石灰石　粉碎　煅燒

黏土　粉碎

石膏

水泥熟料　　水泥

古羅馬在拿坡里近郊的維蘇威火山等

加水就硬固的水泥在金字塔中也用到，古羅馬時代更是廣為使用。

....

答案 ▶ 1. ○　　2. ✕　　3. ○

Q 1. 水泥在水化反應下會產生 Ca(OH)₂，表示水合後的水泥是鹼性。
　　2. 新拌混凝土的氫離子濃度（pH）是在 12～13 之間的鹼性，鋼筋
　　　有生鏽的可能性。

· ·

A 表示氫離子（H⁺）濃度的pH（酸鹼值）＝7時，為中性，pH＞7
為鹼性，pH＜7則為酸性。pH＞7表示氫離子較少，氫氧根離子
（OH⁻）較多的狀態。<u>水泥為鹼性，製作出的水泥砂漿（水泥＋
砂）、混凝土（水泥＋砂＋礫石）也都是鹼性。</u>
　水泥中含有許多CaO（氧化鈣），水合後會生成Ca(OH)₂（氫氧化
鈣），放出OH⁻，成為鹼性（**1**為○）。

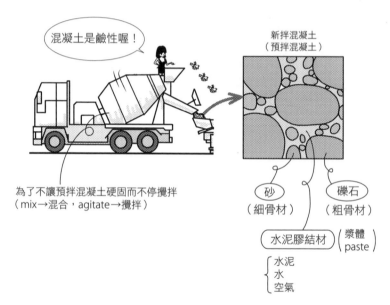

混合攪拌後，還沒硬固的混凝土稱為新拌混凝土（新鮮混凝土），
和預拌混凝土（攪拌均勻的混凝土：指相對於現場混合的工廠製
品）幾乎是同義。<u>混凝土的強鹼性可以防止鋼筋產生生鏽（酸化）
的現象（**2**為×）。</u>

· ·

Q 1. 混凝土的中性化，是指混凝土中的水合生成物會和空氣中的二氧化碳逐漸產生反應。
2. 混凝土的中性化，在水灰比越大的情況下進行得越緩慢。
3. 中性化的速度，在混凝土的抗壓強度越高時會越慢。

A 混凝土（水泥）的中性化，是由於水化反應所產生的氫氧化鈣 $Ca(OH)_2$ 會和空氣中的二氧化碳 CO_2 反應，形成碳酸鈣 $CaCO_3$，而將鹼性中和為中性（**1** 為 ○）。

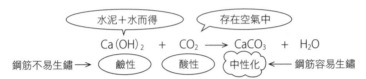

水灰比是 $\dfrac{水的質量}{水泥的質量}$ 而得。水比水泥多時，強度會降低。

依水灰比的字順為水÷水泥

$$水灰比(W/C) = \frac{水(kg)}{水泥(kg)}$$

易產生水泡 → W/C 較大時，混凝土強度較低

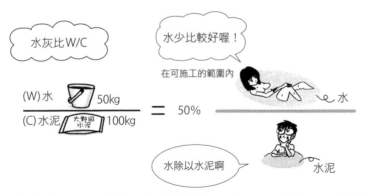

水灰比大時，無法製造出密實的混凝土，強度也會比較小。而不夠密實會讓 CO_2 易於進入，比較快中性化（**2** 為 ×）。若要有較大的強度，水灰比要較小，中性化也會比較慢（**3** 為 ○）。

答案 ▶ 1. ○　**2.** ×　**3.** ○

Q 1. 混凝土的抗壓強度，在水灰比越大時會越小。

   2. 混凝土的抗壓強度，相較於灰水比為1.5時，2.0時的狀況下會比較小。

   3. 使用普通波特蘭水泥進行普通混凝土的配比設計時，水灰比可為60%。

A 水灰比W/C越大，表示水的分量越多，形成鬆散的混凝土，強度也較小（易產生水泡）（**1**為○）。而水灰比的倒數，灰水比C/W和強度之間的關係，呈現右斜向上的直線。比起C/W為1.5時，2.0時的強度較大（**2**為×）。

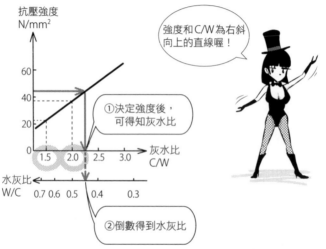

W/C和強度的圖形為曲線

普通混凝土可依礫石（粗骨材）的種類（普通、輕質）加以分類。使用普通波特蘭水泥製作的<u>普通混凝土，水灰比為65%以下</u>（JASS 5，**3**為○）。

Q 使用普通波特蘭水泥進行普通混凝土相關的配比設計時：
　1. 單位水量為200kg/m³。
　2. 單位水泥量為300kg/m³。

A 單位水量、單位水泥量的單位，是以每1m³的預拌混凝土（新拌混凝土）為單位。每1m³的質量以kg數表示。混凝土的配比方式，比起使用容積的容器測量，以質量來測量會比較正確。由於礫石或砂有縫隙（空隙），以幾個水桶量測的容積量，也會包含縫隙的量。

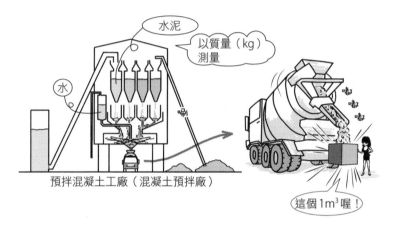

預拌混凝土工廠（混凝土預拌廠）

這個1m³喔！

在水泥的硬固範圍內，水量越少越好，<u>單位水量在185kg/m³以下</u>（**1**為×）。另一方面，水泥越多，混凝土就越密實，強度越佳，<u>單位水泥量要在270kg/m³以上</u>（**2**為○）。

Q **1.** 伴隨著混凝土乾燥收縮所產生的裂縫，在單位水量越多時，越容易發生。

2. 混凝土的乾燥收縮，在單位骨材量越多時會越小。

3. 伴隨著混凝土水合發熱所產生的裂縫，在單位水泥量越少時，越容易發生。

....

A 混凝土為骨材（砂＋礫石）和水泥膠結材（水泥＋水）所組成。骨材的顆粒會藉由水泥膠結材結合在一起。水泥膠結材中的水，若是在和水泥產生水化反應前就蒸發乾燥，水泥膠結材會收縮，產生裂縫。水越多時，乾燥收縮就會越大（**1** 為○）。

砂或礫石的顆粒幾乎不會收縮。因此乾燥收縮和骨材量沒有關係，與水和水泥的量有關（**2** 為×）。

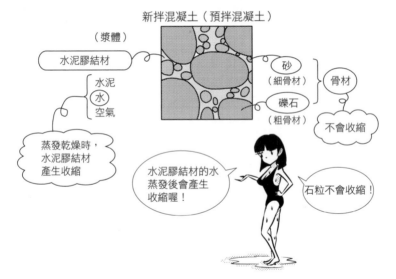

水泥會和水產生水化反應而硬固。發生水化反應時會產生熱，這個熱會引起混凝土的膨脹收縮，進而產生裂縫。單位水泥量越多，越容易發生因水合發熱而產生的裂縫（**3** 為×）。

```
┌─ Point ──────────────────────────────────┐
│    水多→蒸發多→乾燥收縮引起的裂縫          │
│    水泥多→水合發熱多→膨脹收縮引起的裂縫     │
└──────────────────────────────────────────┘
```

....

答案 ▶ **1.** ○ **2.** × **3.** ×

Q 1. 坍度是指將坍度錐從靜止狀態往上垂直拉起後，混凝土頂部中央下降的高度。

　　2. 坍度是指將坍度錐從靜止狀態往上垂直拉起後，從平板到混凝土中央部位的高度。

　　3. 混凝土的坍度，在單位水量多時會越大。

....

A 坍度是預拌混凝土山的下降量，不是山本身的高度（**1** 為○，**2** 為×）。

① 填滿

塞

30cm

坍度錐
slump cone（圓錐形）

② 分成 3 層，每層搗實 25 次

以搗實棒搗實

必須整個填滿

按壓填滿

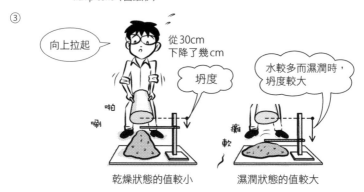

③ 向上拉起

從 30cm 下降了幾 cm

坍度

水較多而濕潤時，坍度較大

啪唰

癱軟

乾燥狀態的值較小　　　濕潤狀態的值較大

若為水多而濕潤的預拌混凝土，沉降較大，坍度值就大（**3** 為○）。坍度為施工性（施工容易性、工作度）的指標，值越大（濕潤至近乎水）表示施工性越佳。

....

答案 ▶ 1. ○　2. ×　3. ○

2
RC造

Q 1. 混凝土的坦度越大，表示其耐久性越差。

2. 普通混凝土的坦度，在品質基準強度未達 33N/mm² 的情況下，為 21cm 以下。

A 水多、流動性高且坦度大的預拌混凝土，其工作度（施工性）較佳。但在水多的情況下越不容易生成密實的混凝土，強度和耐久性都會降低（**1** 為○）。而水多的柔性混凝土，容易產生較重的礫石向下沉，上方只剩下水的泌水現象（bleed：滲出水）。隨著時間過去，水泥和水產生水化反應，水泥膠結材的流動性降低，出現黏性，就會停止分離礫石。

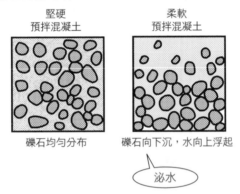

堅硬　　　　　　　　　柔軟
預拌混凝土　　　　　　預拌混凝土

礫石均勻分布　　　　礫石向下沉，水向上浮起

泌水

水多的柔性混凝土，適合使用在凹凸較多的建築中進行模板澆置工程，或是寬廣水平的樓板澆置工程。水流入模板或呈現水平都很簡單，因此在近乎水的情況下，其施工性良好。但會有強度及耐久性差，還有中性化、泌水等現象，因此品質強度未達 33N/mm² 者，坦度為 18cm 以下；33N/mm² 以上者，則為 21cm 以下（JASS 5，**2** 為╳）。

┌─ Point ──────────────────────

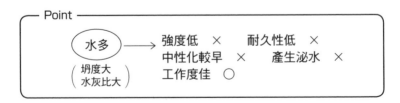

水多 → 強度低　╳　　耐久性低　╳
　　　　中性化較早　╳　　產生泌水　╳
（坦度大　　工作度佳　○
　水灰比大）

└──────────────────────────

Q 依下面的混凝土配比表，回答 **1**、**2** 是否正確。

單位水量	絕對容積（ℓ/m³）			質量（kg/m³）		
（kg/m³）	水泥	細骨材	粗骨材	水泥	細骨材	粗骨材
160	92	265	438	291	684	1161

以質量計量的細骨材、粗骨材為表面乾燥飽水狀態

1. 水灰比 (%) $= \dfrac{160}{291} \times 100 = 55(\%)$

2. 細骨材率 (%) $= \dfrac{265}{265 + 438} \times 100 = 37.7(\%)$

....

A 細骨材為砂，粗骨材為礫石，混凝土是透過水泥膠結材與骨材黏著在一起。表面乾燥飽水（表乾）狀態，是指骨材表面為乾燥，內部的水則是飽和的狀態。骨材會吸收水分，為了避免因為水泥膠結材的水分不足而引起的硬化不良，<u>要使用表乾狀態的骨材，以表乾狀態來計量</u>。

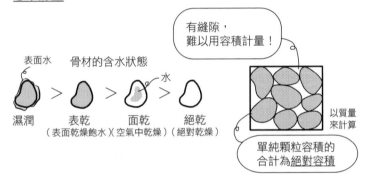

各材料以質量進行計量。因為骨材有縫隙（空隙），無法簡單地以容積（體積）計算。以質量計量時，可以透過密度（質量÷容積）換算出容積。此時計算的容積，已經除去顆粒之間的縫隙，<u>單純是顆粒本身的容積，稱為絕對容積</u>。砂和全骨材（砂＋礫石）的比例＝細骨材率，是以絕對容積計算。

> ┌─ Point ────────────────────────────
>
> 　　　水灰比→質量比　　細骨材率→容積比
>
> └──────────────────────────────────

....

2

R
C
造

Q **1.** 混凝土使用的細骨材、粗骨材的粒徑，都應該盡量使用均一的大小。

2. 骨材的粒徑，相較於大小均一，應該混合由小至大的粒徑來使用比較好。

3. 骨材中的泥巴會讓混凝土的乾燥收縮變大。

4. 碎石骨材的粒形，是以實積率來判定。

A 細骨材（砂）和粗骨材（礫石），<u>以粒徑 5mm 為分界</u>。正確來說，是用 5mm 的篩網過濾，若有 85% 以上的質量通過者為細骨材，85%以上無法過篩殘留者則為粗骨材。

若有大小各異的顆粒，小顆粒可以填塞在大顆粒之間，減少空氣的縫隙（空隙）。顆粒大小均一時，比較難混合出沒有空隙的狀態。<u>實積率＝（物品的實際容積）/（包含縫隙在內的容積）</u>，<u>因此越多不同粒徑的骨材混合在一起，才能得到越大的實積率</u>（**1** 為 ✕，**2** 為 ○）。

泥巴不會和水反應，也不像石頭那麼硬，會導致硬化不良。泥巴包含的水分乾燥後會產生收縮，形成裂縫（**3** 為 ○）。碎石是由大石頭打碎而成，有尖角。此時不是以顆粒直徑來判定粒形，而是看顆粒形狀，由使用容器中可以填塞多少碎石的實積率來判定（JIS A 5005，**4** 為 ○）。

答案 ▶ **1.** ✕　**2.** ○　**3.** ○　**4.** ○

Q 混凝土使用AE劑的效果：

　1. 增加泌水現象。

　2. 工作度較良好。

　3. 對凍結融解作用的抵抗性較大。

　4. 增加空氣量。

　5. 減少單位水量。

....

A AE劑的AE是air entraining的
　　縮寫，原意為以空氣承載運送
　　（entrain）。水泥粒子的四周會
　　附著許多小氣泡，產生滾珠
　　（ball bearing）效果，讓混凝土
　　易於流動。其他還有使之附著
　　負離子，藉由排斥讓混凝土易
　　於流動的減水劑，或是氣泡和
　　負離子兩者都有的AE減水劑。
　　預拌混凝土易於流動，表示工
　　作度良好（**2**為○）。加入微
　　小的氣泡，使預拌混凝土中的

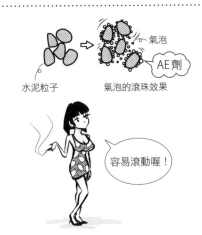

空氣量增加（**4**為○）。但當空氣量過多時，由於空氣本身不會硬
固，使強度降低。

水較多時（水灰比大時），預拌混凝土較柔軟（坍度大），易於流
動。但水分過多，會直接造成強度、耐久性降低。此時可以利用
AE劑，使之保持良好的流動性並減少水分（**5**為○）。水分減少，
也可以防止骨材下沉、水分上升的泌水現象（**1**為✕）。

預拌混凝土內或硬化的混凝土內有微小氣泡時，熱不易傳遞，可以
防止內部的水分凍結。當水分凍結時會膨脹（水的容積增加9%），
氣泡可以緩和膨脹壓力，具有防止裂縫產生的效果（**3**為○）。

....

答案 ▶ 1. ✕　　**2.** ○　　**3.** ○　　**4.** ○　　**5.** ○

Q **1.** 使用 AE 劑時，混凝土的空氣量為 4.5%。

　　2. 當 AE 劑使混凝土的空氣量增加 6% 以上時，會降低混凝土的抗壓
　　　強度。

　　3. 依下面的混凝土配比表，可知

　　　混凝土的空氣量 = {1000－(160＋92＋265＋438)} × $\dfrac{100}{1000}$

　　　　　　　　　　　 = 4.5(%)

單位水量	絕對容積（ℓ/m³）			質量（kg/m³）		
（kg/m³）	水泥	細骨材	粗骨材	水泥	細骨材	粗骨材
160	92	265	438	291	684	1161

以質量計量的細骨材、粗骨材為表面乾燥飽水狀態

A 與構材斷面較大的土木結構物不同，建築有較多凹凸，構材斷面較
小，要讓預拌混凝土毫無縫隙地灌入模板，非常困難。在澆置混凝
土前的配筋檢查階段，拿開模板來看，內有複雜交錯的鋼筋和 CD
管（電氣配線用的橘色管線），預拌混凝土不一定能夠確實地填充
到每個角落。水分過多會直接造成強度、耐久性降低，藉由加入
AE 劑，就能讓混凝土順利灌入。

加入過多 AE 劑，空氣量變多，也會影響強度。<u>使用 AE 劑、AE 減
水劑時，空氣量要控制在 4% 以上、5% 以下</u>（JASS 5，**1**、**2** 為○）。

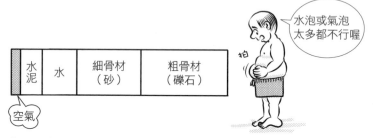

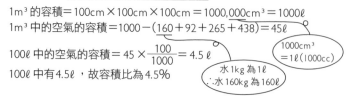

水泥、水、砂、礫石可由質量和密度求出各自的容積，再和整體容
積相減後，就可以得到空氣的容積。題目中雖然已經給了各自的容
積，仍要注意 <u>1m³ = 1000ℓ、水 1kg 為 1ℓ</u>。

　　　1m³ 的容積 = 100cm×100cm×100cm = 1000,000cm³ = 1000ℓ

　　　1m³ 中的空氣的容積 = 1000－(160＋92＋265＋438) = 45ℓ

　　　100ℓ 中的空氣的容積 = 45 × $\dfrac{100}{1000}$ = 4.5 ℓ

　　　100ℓ 中有 4.5ℓ，故容積比為 4.5%

答案 ▶ **1.** ○　**2.** ○　**3.** ○

Q 1. JIS中為了確保混凝土的耐久性，訂定了水泥中鹼含量的上限值。
  2. 抑制鹼骨材反應的對策之一，是使用高爐水泥B種。

A 水泥為鹼性，故混凝土也是含有OH^-的鹼性（參見R015）。混凝土中的鹼成分會和骨材（砂、礫石）中的矽土（含有二氧化矽SiO_2的物質）反應，生成鹼矽膠體（$NaSiO_3$），其吸水膨脹後會破壞混凝土，稱為鹼骨材反應。

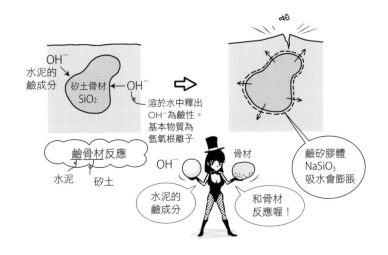

鹼骨材反應是水泥中的鹼成分＋骨材中的矽土所引起，解決對策就是減少其中一種物質。讓1m³混凝土中的鹼含量在3kg/m³以下（**1**為○），或是在水泥中加入混有高爐殘渣的高爐水泥，減少水泥量，以降低鹼含量，抑制鹼骨材反應的生成（**2**為○）。

答案 ▶ 1. ○　2. ○

Q **1.** 使用海砂的混凝土，就算在混凝土未進行中性化的情況下，由於含有一定量以上的鹽分，會使鋼筋很容易鏽蝕。

2. 氯化物的氯離子含量為 $0.2kg/m^3$。

A 混凝土為鹼性，有防止鋼筋生鏽的效果。當空氣中的二氧化碳 CO_2 與鹼性中和，使混凝土產生中性化，就會失去防鏽的效果。中性化會從混凝土表面進行至內部。

使用海砂，或是鄰近海邊承受海風吹拂的建物，鋼筋都很容易生鏽。鹽分（氯化鈉 NaCl）中的氯離子 Cl^- 會破壞氧化鐵的保護膜，使鐵生鏽（鏽蝕）。混凝土內部的鋼筋、屋頂的鐵板或是鋼骨樓梯等，位於海邊附近者，都要特別注意可能生鏽（**1** 為○）。

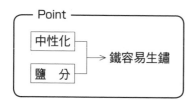

混凝土內部的鋼筋生鏽時會膨脹，形成裂縫或導致爆裂。

<u>氯離子（氯化鈉）含量要在</u> <u>$0.3kg/m^3$ 以下</u>（JASS 5，**2** 為○）。

中性化和鹽分會造成生鏽喔！ CO_2 鹽

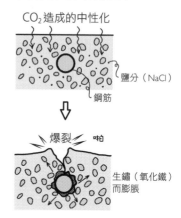

CO_2 造成的中性化

鹽分（NaCl）

鋼筋

爆裂 啪

生鏽（氧化鐵）而膨脹

答案 ▶ 1. ○ 2. ○

| 鹼　　　性 | pH＞7 |

| 水　灰　比 | 水÷水泥為65%以下 |

| 單 位 水 量 | 185kg/m³以下 |

| 單 位 水 泥 量 | 270kg/m³以上 |

| 坍　　　度 | 普通混凝土為18cm以下 |

| 細　骨　材 | 85%以上通過5mm的篩網 |

| 空　氣　量 | 使用AE劑時為4～5% |

| 鹼　含　量 | 為了抑制鹼骨材反應，要在3kg/m³以下 |

| 氯　含　量 | 為了防止鋼筋生鏽，要在0.3kg/m³以下 |

| 比　　　重 | 混凝土　　　2.3
鋼筋混凝土　2.4
鋼　　　　　7.85 |

| 彈 性 模 數 E | 混凝土　2.1 × 10⁴ (N/mm²)
鋼　　　2.05 × 10⁵ (N/mm²) |

| 剪彈性模數 G | $G = 0.4E$ |

| 線 膨 脹 係 數 | 混凝土、鋼為 1×10^{-5} (/℃) |

2

RC造

Q 1. 使用早強波特蘭水泥的混凝土，和使用普通波特蘭水泥的混凝土相較，水合熱較小。

2. 早強波特蘭水泥和普通波特蘭水泥相較，其細緻的粉末會使水合熱較大，較快產生早期強度。

3. 混凝土初期強度（材齡7天左右，為硬化初期的強度）的大小關係為：早強波特蘭水泥＞普通波特蘭水泥＞高爐水泥B種。

A 預拌混凝土的強度，會隨著水泥和水的水化反應逐漸增加，28天（4週）後會達到設計強度以上。抗壓強度的圖解，一開始是急速上升的陡坡，隨著時間經過成為和緩的曲線。

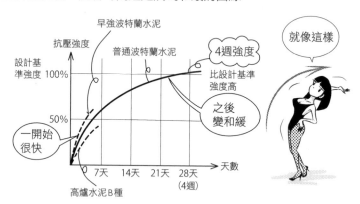

早強波特蘭水泥為了快速產生水化反應，水泥粒子比較小。由於可以很快且產生很多水化反應，水合熱也會跟著變大（**1**為✕，**2**為○）。

初期強度大→水合熱大。為了抑制水合熱，加入高爐殘渣（高爐礦渣）的高爐水泥，初期強度較小（**3**為○）。

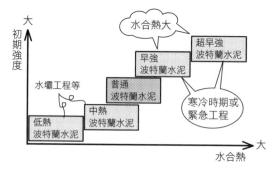

答案 ▶ 1. ✕ 2. ○ 3. ○

Q 1. 高爐礦渣作為混凝土的混合材料時，可以在保持良好的工作度的情況下，降低水合熱，抑制氯離子的滲透。

2. 使用高爐礦渣的混凝土，對酸類、海水、汙水等侵蝕的抵抗性較小。

3. 水泥和水反應所產生的水合熱，藉由混合飛灰，可以降低至某種程度。

A 混合了從製鐵廠高爐取得的高爐礦渣（slag）的水泥，稱為高爐水泥；混合了從火力發電廠鍋爐取得的飛灰（fly ash）的水泥，稱為飛灰水泥。像這樣混合殘渣或灰渣來減少水泥量，可以達到抑制水合熱的效果，並提高抗化學腐蝕性，但會降低強度（**1**、**3**為○，**2**為×）。依混合量的多寡順序排列為A種＜B種＜C種，結構混凝土使用A種。

2
R
C
造

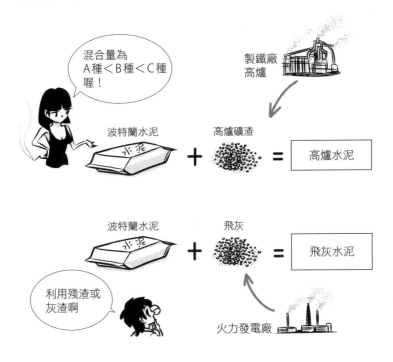

混合量為
A種＜B種＜C種
喔！

製鐵廠
高爐

波特蘭水泥　　　　高爐礦渣

＋　　　＝　　高爐水泥

波特蘭水泥　　　　飛灰

＋　　　＝　　飛灰水泥

利用殘渣或
灰渣啊

火力發電廠

Q **1.** 普通混凝土的面乾單位容積質量的範圍，以2.2～2.4t/m³為標準。

混凝土配比表

單位水量	絕對容積（ℓ/m³）			質量（kg/m³）		
（kg/m³）	水泥	細骨材	粗骨材	水泥	細骨材	粗骨材
160	92	265	438	291	684	1161

以質量計量的細骨材、粗骨材為表面乾燥飽水狀態

2. 上表中，

拌合混凝土的單位容積質量

$$= 160 + 291 + 684 + 1161 = 2296 \ (kg/m^3)$$

3. 上表中，

水泥的比重 $= \dfrac{291}{92} \fallingdotseq 3.16$

....

A 面乾是指空氣中乾燥的狀態，骨材中多少仍殘留著水分（參見 R022）。單位容積質量是指混凝土每1m³單位中的質量。普通混凝土的面乾單位容積質量為2.2～2.4t（2200～2400kg）。每1m³的t 數，單位就是t/m³，即2.2～2.4t/m³（JASS 5，**1**為○）。

2是求出預拌混凝土每1m³質量的問題，只要將每1m³的水、水泥、砂、礫石的質量加起來就可以求得（**2**為○）。

比重是和水相比的重量比。比重1就是和水同重，比重2是水的2倍重。正確來說，是指和4℃水的質量比。質量為kg，重量受到力影響為kgf（kg重），和N等的單位不同。

水1ℓ為1kg（1000g），對水泥92ℓ來說，水的質量為92kg。水泥92ℓ的質量是291kg，和水92kg相比，可得水泥的比重是 $\dfrac{291}{92} \fallingdotseq 3.16$（**3** 為○）。

記住，混凝土的比重為2.3，鋼筋混凝土的比重為2.4。由於加入鋼筋，鋼筋混凝土會比較重。將比重加上t/m³，可以對應出每1m³的質量，使用上更便利。

和RC的比重2.4一起，也將其標準強度24N/mm²記下來吧。

答案 ▶ 1. ○　　2. ○　　3. ○

Q 1. 硬化後的混凝土面乾單位容積重量，大約是 23kN/m³。

　　2. 計算鋼筋混凝土的單位體積重量時，由於增加了鋼筋的重量，因此會是混凝土的單位體積重量加上 1kN/m³。

....

A 鋼筋混凝土的比重約 2.4，混凝土沒有鋼筋時只少了 0.1，比重為 2.3。比重 2.3 是指相對於相同體積的水 1，其質量為 2.3。水 1m³ 的質量為 1t。將這個質量基準記下來會很方便。1t 大概是 1 輛小型車的質量。比重 2.3 表示是 2.3t/m³。

重量是力的單位，質量 1kg 的重量是 1kgf（kg 重），質量 1t 的重量是 1tf（1t 重）；換算成 N（牛頓）的單位時，要乘上重力加速度（9.8m/s²）。1kg 的重量為 1kg × 9.8m/s² = 9.8N ≒ 10N，1t 的重量為 1000kg × 9.8m/s² = 9800N = 9.8kN ≒ 10kN，kg、t 再乘上約 10 倍。

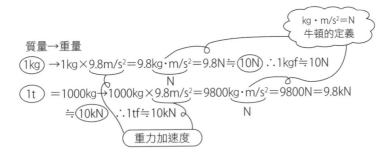

混凝土比重約 2.3，1m³ 的重量為 2.3tf ≒ 23kN（**1** 為○）。鋼筋混凝土使用了較重的鋼材（鋼的比重 7.85），比重約 2.4，1m³ 的重量為 2.4tf ≒ 24kN（**2** 為○）。

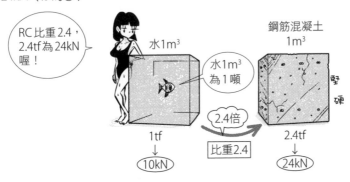

....

答案 ▶ 1. ○　**2.** ○

Q **1.** 混凝土的彈性模數，是以應力應變圖上抗壓強度的點和原點所連成的直線斜率表示。

   2. 混凝土的面乾體積重量相同，設計基準強度為2倍時，混凝土的彈性模數也幾乎是2倍。

   3. 混凝土的彈性模數，在混凝土的單位體積重量越大時會越大。

....

A 以擠壓混凝土時的應變 ε（$\frac{變形\,\Delta\ell}{原長\,\ell}$）為橫軸，應力 σ 為縱軸，接近原點的曲線斜率為彈性模數 E。混凝土的曲線不像鋼為一直線，若是使用最大強度和原點連接的直線，其距離原來的曲線太遠。因此，常以最大強度 1/3 或 1/4 處的點和原點連接，以此直線斜率作為彈性模數 E（**1** 為×），亦可稱正割模數（secant modulus：割線的係數）。

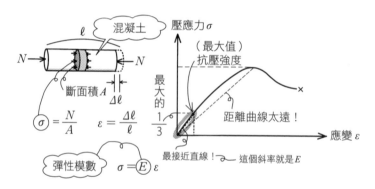

混凝土的彈性模數 E，依下述計算式（$F_c \leq 36\text{N/mm}^2$ 的情況下），$\underline{E\,在強度、重量越大時會越大}$（**3** 為○）。由於 E 正比 $F_c^{\frac{1}{3}}$，當 F_c 為 2 倍時，E 為 $2^{\frac{1}{3}} = \sqrt[3]{2}$ 倍（RC規範，**2** 為×）。

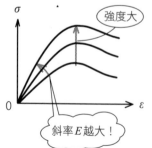

混凝土的 $E =$
$$3.35\times10^4\times\left(\frac{\gamma}{24}\right)^2\times\left(\frac{F_c}{60}\right)^{\frac{1}{3}}\,(\text{N/m}^3)$$

γ：面乾單位容積重量（kN/m³）

F_c：設計基準強度（N/mm²）

$\left(F_c^{\frac{1}{3}} = \sqrt[3]{F_c}\right)$

....

Q 1. 鋼材的彈性模數和剪彈性模數，常溫下分別是 $2.05 \times 10^5 \text{N/mm}^2$、$0.79 \times 10^5 \text{N/mm}^2$ 左右。

2. 鋁合金的彈性模數為鋼材的 1/3 左右。

....

A $\sigma = E\varepsilon$，應變 $\varepsilon = \dfrac{\Delta\ell}{\ell}$ 沒有單位，故 E 的單位和應力 σ 的單位一樣，為 N/mm^2（力/面積）。混凝土的 E 約為鋼的 1/10，欲產生相同應變，只要 1/10 的力。若是施加相同力量，會產生 10 倍的應變。由此可知，相較於混凝土，鋼是更優良的材料。

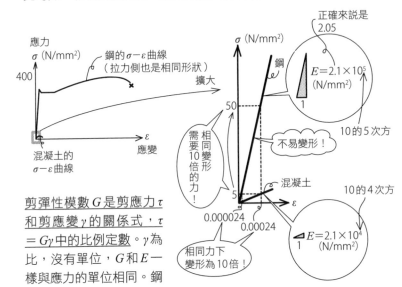

剪彈性模數 G 是剪應力 τ 和剪應變 γ 的關係式，$\tau = G\gamma$ 中的比例定數。γ 為比，沒有單位，G 和 E 一樣與應力的單位相同。鋼的 $G = 0.79 \times 10^5$（**1** 為○）。

鋁合金的 $E = 0.7 \times 10^5\text{N/mm}^2$，是鋼 $E = 2.1 \times 10^5\text{N/mm}^2$ 的 1/3 左右（**2** 為○）。當想起鋼和鋁合金時，記得鋁合金較容易變形，圖解的角度較和緩，E 也比較小。

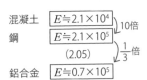

....

答案 ▶ 1. ○　**2.** ○

Q 混凝土和鋼筋的彈性模數比n，在混凝土的設計基準強度越高時會越大。

....

A 彈性模數E是$\sigma-\varepsilon$圖中原點附近的斜率。不管混凝土或鋼筋，在原點附近皆有$\sigma = E\varepsilon$的直線式。彈性模數比n是混凝土E和鋼筋E的比，以混凝土為基準，表示鋼筋為其幾倍，即混凝土的E為分母。

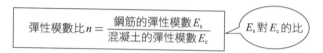

彈性模數比$n = \dfrac{\text{鋼筋的彈性模數}E_s}{\text{混凝土的彈性模數}E_c}$　　E_s對E_c的比

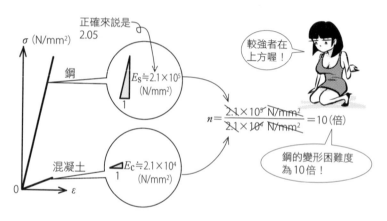

鋼筋為工廠製品，規格大致就決定了E_s，混凝土則是隨著配比而異。混凝土的E_c是和單位體積重量的2次方、強度的$\frac{1}{3}$次方成正比。

$\frac{1}{3}$次方為開3次方根

$$E_c = 3.35 \times 10^4 \times \left(\frac{\gamma}{24}\right)^2 \times \left(\frac{F_c}{60}\right)^{\frac{1}{3}}$$

γ：面乾單位容積重量（kN/m^3）
F_c：設計基準強度（N/mm^2）
（RC規範）

強度越大，E_c越大，$n = E_s / E_c$的分母就越大，n會變小（答案為╳）。鋼筋和混凝土有相同應變ε時，分別需要$\sigma_s = E_s\varepsilon$、$\sigma_c = E_c\varepsilon$的應力，由此可得下面的關係式：

$\sigma_s / \sigma_c = E_s / E_c = n$

之後會導出許多計算式，在各種圖解中也會出現彈性模數比（n）。

....

答案 ▶ ╳

Q **1.** 普通混凝土在抗壓強度下的應變為 1×10^{-2} 左右。

　　2. 普通混凝土的剪彈性模數，約為彈性模數的 0.4 倍左右。

　　3. 普通混凝土的浦松比為 0.2 左右。

···

A 混凝土的標準抗壓強度＝24N/mm²，彈性模數＝約 2.1×10^4 N/mm²，代入 $\sigma = E\varepsilon$ 中，求出應變 ε。

$$\sigma = 24 \text{N/mm}^2 \longrightarrow \sigma = E\varepsilon \qquad \left(10^{-4} = \frac{1}{10^4} \right)$$

$$E = 2.1 \times 10^4 \text{ N/mm}^2$$

$$\therefore \varepsilon = \frac{\sigma}{E} = \frac{24 \text{ N/mm}^2}{2.1 \times 10^4 \text{ N/mm}^2} \fallingdotseq 11 \times 10^{-4} = 1.1 \times 10^{-3}$$

（**1** 的答案為 ×）

力＝勁度×變位（ $P = k\Delta\ell$ ）， $\dfrac{力}{面積}$ ＝勁度× $\dfrac{變位}{原長}$ （ $\sigma = E\varepsilon$ 、 $\tau = G\gamma$ ），都是同樣的形式，稱為虎克定律。只是將比例勁度換成彈性模數 E、剪彈性模數 G。混凝土和鋼的 G 約為 E 的 0.4 倍（**2** 為 ○）。

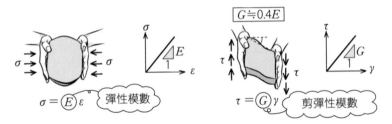

$$G \fallingdotseq 0.4E$$

$$\sigma = E\varepsilon \quad \text{彈性模數} \qquad \tau = G\gamma \quad \text{剪彈性模數}$$

力的垂直方向應變 ε'，以及力方向的應變 ε 的比，稱為浦松比（poisson's ratio， ν：nu）。混凝土約為 0.2，鋼約為 0.3（**3** 為 ○）。

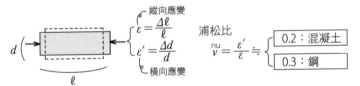

$$d \left(\begin{array}{l} \text{縱向應變} \\ \varepsilon = \dfrac{\Delta\ell}{\ell} \\ \varepsilon' = \dfrac{\Delta d}{d} \\ \text{橫向應變} \end{array} \right.$$

浦松比
$$\overset{\text{nu}}{\nu} = \frac{\varepsilon'}{\varepsilon} \fallingdotseq \begin{cases} 0.2 : \text{混凝土} \\ 0.3 : \text{鋼} \end{cases}$$

···

答案 ▶ **1.** ×　　**2.** ○　　**3.** ○

2

RC造

Q **1.** 常溫下的混凝土熱膨脹變形，幾乎跟鋼材相同。

2. 常溫下的混凝土線膨脹係數，設計上是使用 $1 \times 10^{-5}/°C$。

3. 長度10m的鋼棒，置於常溫中，當鋼材溫度上升10°C時，約伸長1mm。

4. 鋁合金的線膨脹係數，大約是鋼的線膨脹係數的2倍，因此使用鋁製構材時必須預留足夠的膨脹空間。

....

A 混凝土和鋼對於熱的伸縮幾乎相同，才能組合成鋼筋混凝土（**1**為○）。混凝土的抗拉較弱，特別利用鋼筋進行補強，正好兩者對熱的變形是一樣的反應。

線膨脹係數是指每1°C，其伸縮長度 $\Delta \ell$ 除以原長 ℓ 的 $\Delta \ell / \ell$ 比的變化。每上升（或下降）1°C，相對於原長的伸長（縮短）比率。由於不是體積比而是長度比，因此前面加上「線」字。<u>混凝土和鋼的線膨脹係數都是 $1 \times 10^{-5}/°C$</u>（**2**為○）。

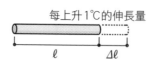

每上升1℃的伸長量

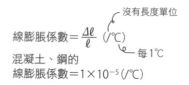

線膨脹係數 $= \dfrac{\Delta \ell}{\ell}$ (/℃)　沒有長度單位

每1℃

混凝土、鋼的線膨脹係數 $= 1 \times 10^{-5}$ (/℃)

10m是 $10 \cdot 10^3$ mm。上升1°C時，伸長量為 $(10 \cdot 10^3 \text{ mm}) \cdot (10^{-5}/°C) \cdot 1°C = 0.1$mm；上升10°C時，伸長量為 $(10 \cdot 10^3 \text{ mm}) \cdot (10^{-5}/°C) \cdot 10°C = 1$mm（**3**為○）。

<u>鋁合金的線膨脹係數約為 $2.3 \times 10^{-5}/°C$，約為鋼的2倍</u>。由於遇熱時會有較大的伸長，為了吸收此一伸長變形，必須預留足夠的空間（**4**為○）。

遇熱伸長的大小為
混凝土＝鋼＜鋁

....

答案 ▶ 1. ○　2. ○　3. ○　4. ○

Q 1.混凝土的設計基準強度 F_c，是在結構計算時作為混凝土抗壓強度的基準。

2.混凝土的品質基準強度 F_q，是在混凝土的設計基準強度 F_c 和耐久設計基準強度 F_d 中，取較大者加上 $3N/mm^2$ 所得的值。

3.混凝土設計中的強度大小關係為：管理強度＞品質基準強度 F_q。

A 結構計算中作為基準的抗壓強度，即設計基準強度 F_c，為18、21、24、27、30、33、36N/mm²（JASS 5，**1**為○）。高強度混凝土及預力混凝土則有不同的規定。

預定·計畫的耐用年數，即以計畫使用年限的等級所訂定的強度，為耐久設計基準強度 F_d。依耐久性所決定的強度。

將耐力決定的 F_c 與耐久性決定的 F_d 作比較，較大者再加上 $3N/mm^2$，即品質基準強度 F_q（**2**為○）。這是耐力和耐久性兩者皆可滿足的基準強度。

再將 F_q 加上強度補正值（S值）即得管理強度，進一步考量安全性後，得到最後的強度（**3**為○）。

2

R C 造

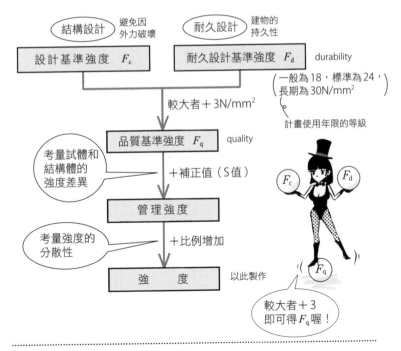

Q **1.** 對斷面積為 7850mm² 的混凝土圓柱試體（壓縮試驗用的試體）施加載重，進行抗壓強度試驗時，在 314.0kN 會達到最大載重，之後將載重減少，承載力會急速下降至 282.6kN。請求出這個混凝土的抗壓強度。

2. 混凝土試體的抗壓強度，在載重速度越快時會越小。

3. 混凝土試體的抗壓強度，在形狀相似的情況下，若試體的尺寸越小時會越大。

4. 混凝土試體的抗壓強度，在高度對直徑的比越小時會越大。

....

A 最大壓應力，$\sigma - \varepsilon$ 圖的頂就是抗壓強度。廣義的抗壓強度是指 $\sigma = \dfrac{N}{A}$，於試體實驗中得到的抗壓強度就是 σ 的最大值。試體是作為試驗的物體，也稱為實驗體，為直徑 10、12.5、15cm，高度為直徑 2 倍的圓柱。

由於壓力 N＝314.0kN 為最大，除以斷面積 A 即可求得 σ 的最大值（**1** 為 40N/mm²）。

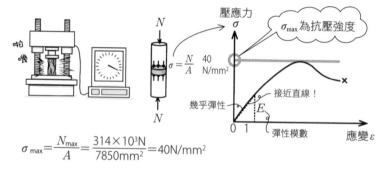

$$\sigma_{max} = \frac{N_{max}}{A} = \frac{314 \times 10^3 N}{7850 mm^2} = 40 N/mm^2$$

載重速度越快，力量越無法順利地傳遞至試體，不易破壞，因此強度會較大（**2** 為×）。當試體較小時，含有缺陷的機率比較大者低，因此強度較大（**3** 為○）。而高度對直徑的比越小，即越粗的時候，強度也會較大（**4** 為○）。

....

答案 ▶ **1.** 40N/mm² **2.** × **3.** ○ **4.** ○

Q 進行鋼材的拉伸試驗時，可得到如圖的拉應力－應變曲線。哪一點是此鋼材的上降伏點？

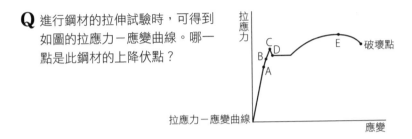

拉應力－應變曲線

A 彈性是應力和應變成正比，在除去力之後會恢復原狀的性質。降伏是彈性結束、塑性開始的點。由這些定義，可知比例限度＝彈性限度＝降伏點，之後則是在相同力下，只有變形不斷增加的塑性區域。實際上在拉長鋼材時，會有較複雜的行為表現，各點的變化都有其名稱（答案為C）。

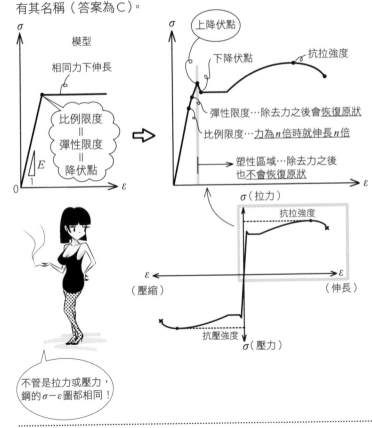

2

RC造

答案 ▶ C 點

Q **1.** 在工地現場作為結構體混凝土的1次抗壓強度試驗的試體，是以適當的間隔從每3台預拌混凝土車中取出1個，共計3個試體來進行。

2. 結構體混凝土的抗壓強度，試體若是在現場進行水中養護管理，其強度管理材齡為28天。

3. 為了不讓混凝土的強度形成出現阻礙，在澆置混凝土當下及澆置後5天內，混凝土的溫度不能低於2℃。

A 結構體是實際建物的結構部分，強度管理上以製作試體來做實驗。試體以3個為1組，進行水中養護或封罐養護，28天（4週）後進行破壞試驗（JASS 5，**1**、**2**為○）。

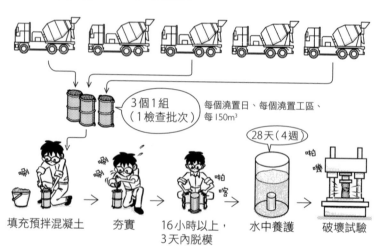

3個1組
（1檢查批次）

每個澆置日、每個澆置工區、每150m³

28天（4週）

填充預拌混凝土　夯實　16小時以上，3天內脫模　水中養護　破壞試驗

混凝土在低溫下難以形成強度，初期5天內溫度不能低於2℃（JASS 5，**3**為○）。

> **Point**
>
> 試體3個為1組　水中養護　4週強度

答案 ▶ **1.** ○　**2.** ○　**3.** ○

Q 1. 普通混凝土在3軸壓應力下的抗壓強度，比單軸壓應力下的抗壓強度小。

2. 承受局部壓縮的混凝土承載強度，比承受全面壓縮時的強度大。

A 上下擠壓的一般性試驗，稱為<u>單軸壓縮試驗</u>。<u>3軸壓縮試驗</u>則是上下、左右、前後皆受力的3軸試驗，側面使用油壓等施加壓力。

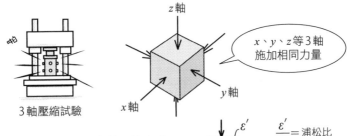

3軸壓縮試驗

> x、y、z等3軸施加相同力量

對 x 軸施加的力，會使 x 軸方向縮短，y、z軸方向膨脹。依浦松比（參見R036）的比例，往力的直角方向變形。y軸、z軸的壓力，還要抵抗此一膨脹現象，因此必須有更大的力量才能達到破壞（**1**為╳）。

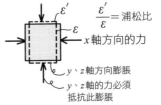

$$\frac{\varepsilon'}{\varepsilon} = 浦松比$$

x軸方向的力

y、z軸方向膨脹

y、z軸的力必須抵抗此膨脹

∴ 3軸抗壓強度＞單軸抗壓強度

<u>承載強度</u>是指混凝土部分受到壓力作用時，所能承受的最大壓應力。寬廣的混凝土版上會承載鋼骨柱等，有許多不同的情況。不受力作用的混凝土四周，會受到壓縮部分的混凝土拘束，抑制和力為直角方向的膨脹，因此強度比全面壓縮來得大（**2**為○）。

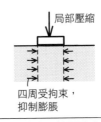

局部壓縮

四周受拘束，抑制膨脹

∴ 承載強度＞抗壓強度

答案 ▶ 1. ╳　2. ○

Q 1. 混凝土的抗拉強度，為抗壓強度的 1/3 左右。
2. 混凝土的抗拉強度，在抗壓強度越大時會越大。
3. 混凝土的抗拉強度，可以利用圓柱試體的劈裂試驗間接求得。

....

A 混凝土的抗拉強度非常弱，約為抗壓強度的 1/10（**1** 為×）。因此在拉力側會以鋼筋補強（reinforce），形成鋼筋混凝土＝RC（reinforced concrete）。抗拉強度約為抗壓強度 F_c 的 1/10，並隨著 F_c 的大小而增減（**2** 為○）。F_c 越大，與之相對的抗拉強度的比會越小。RC造結構計算取抗拉強度為0，RC規範也沒有規定容許拉應力。

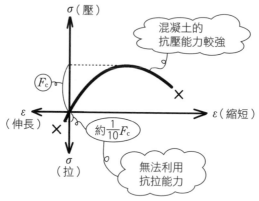

想要直接拉開混凝土很困難，藉由將圓柱橫放受壓的劈裂試驗，可以間接求得抗拉強度（**3** 為○）。相對於抗壓，抗拉的強度非常小，在壓縮破壞前就會因拉力而破壞。

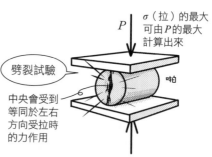

....

　　　　　　　　　　　　　　　　　　　答案 ▶ 1. ×　2. ○　3. ○

Q 1. 混凝土的抗壓強度，在水灰比越小時會越大。

　　2. 和普通混凝土相比，輕質混凝土在超過最大抗壓強度後，應力會大幅降低。

....

A 水灰比（R017）和強度的關係非常重要，在此重申一遍。水灰比越小，強度就越大，中性化較慢，乾燥收縮也比較少（**1**為○）。<u>在水泥的硬固範圍內、加入 AE 劑的預拌混凝土的流動範圍內，水量越少越好。</u>

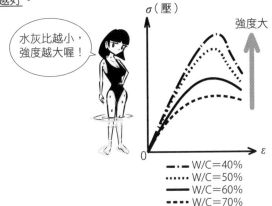

水灰比越小，
強度越大喔！

σ（壓）

強度大

0　　　　　　　　　ε

── ・── W/C＝40%
‥‥‥‥‥ W/C＝50%
───── W/C＝60%
── ── ── W/C＝70%

2
R
C
造

輕質混凝土是將普通混凝土的礫石（粗骨材），換成氣泡較多的輕石。混凝土依骨材種類分成**輕質**和**普通**。輕質骨材有天然的和人造的，一般多為人造，常用於防水的控制或鋼骨造的樓板等，也可以用在結構體上。σ－ε圖中，超過 σ_{max} 後，σ 會大幅降低（**2**為○）。

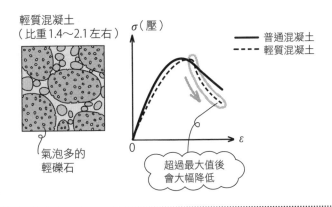

輕質混凝土
（比重1.4～2.1左右）

σ（壓）

───── 普通混凝土
── ── ── 輕質混凝土

0　　　　　　　ε

氣泡多的
輕礫石

超過最大值後
會大幅降低

....

答案 ▶ 1. ○　**2.** ○

Q **1.** 混凝土的長期容許壓應力，是設計基準強度乘上2/3的值。

2. 混凝土的短期容許壓應力，是設計基準強度乘上2/3的值。

A 長時間承載重量，計算構材產生的長期內力，除以單位斷面積得到長期應力，此應力必須在可容許的一定基準＝長期容許應力以下。因應地震等短期發生的短期應力，則是要在短期容許應力以下。

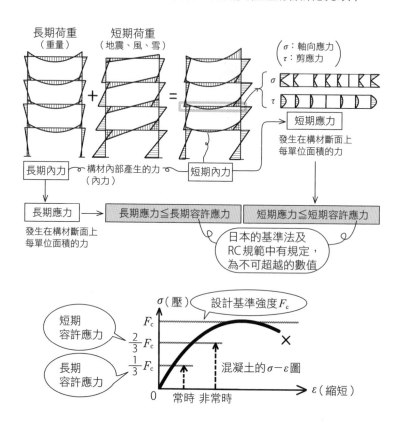

容許應力在日本的基準法及RC規範中有規定，兩者的規範有些許不同。相對於設計基準強度F_c的壓縮容許應力，考量其安全性，長期為$F_c/3$，短期為$2F_c/3$。常時的〔重量〕可用1/3以下的力來抵抗，非常時的〔重量＋地震力〕是用2/3以下的力來抵抗（**1**為×，**2**為○）。

答案 ▶ 1. × 2. ○

Q **1.** 混凝土的強度大小關係為抗壓強度＞彎（撓）曲強度＞抗拉強度。

　　2. 混凝土的抗拉強度，約為抗壓強度的 1/10 左右，由於忽略了彎
　　　 曲材拉力側的抗拉強度，在 RC 規範中並沒有規定容許拉應力。

A 混凝土的設計基準強度 F_c（基準法中的符號為 F）為抗壓強度，拉
　　力為 1/10 左右，彎曲、剪力、握裏則為 1/5 左右（**1** 為○）。

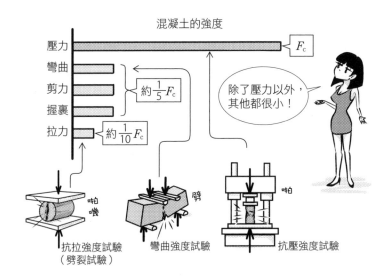

RC 造中是由鋼筋承受拉力，RC 規範將混凝土的抗拉力視為 0，沒
有規定容許拉應力。基準法中的值則是壓力的 1/10，長期為 $\frac{F_c}{30}$，
短期為 $\frac{2F_c}{30}$（**2** 為○）。

混凝土的容許應力（RC 規範）

	長 期			短 期		
	壓力	拉力	剪力	壓力	拉力	剪力
普通混凝土	$\frac{1}{3}F_c$	—	$\frac{1}{30}F_c$ 且在 $(0.5+\frac{1}{100}F_c)$ 以下	長期的 2 倍	—	長期的 1.5 倍

沒有拉力！　　　　　　基準法中只有 $\frac{1}{30}F_c$　　　沒有拉力　　基準法中為 2 倍

基準法中是 $\frac{1}{30}F_c$　　　　　　　　　　　　　　　基準法中短期為長期的 2 倍

答案 ▶ 1. ○　**2.** ○

Q **1.** RC規範中，輕質混凝土1種的容許剪應力，和相同設計強度下
　　的普通混凝土的容許剪應力相同。

　　2. RC規範中，輕質混凝土1種的容許剪應力，不管長期或短期，
　　都是相同設計強度下，普通混凝土的容許剪應力的0.9倍。

. . . .

A 輕質混凝土、普通混凝土的輕質、普通，是以礫石（粗骨材）的不
　同來分類。輕質混凝土1種、2種是以強度的不同來分類，且1種
　＞2種。

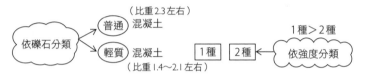

輕質混凝土的長期容許剪應力，是普通混凝土的0.9倍（**1**為×，**2**
為○）。除此之外的容許應力，都和普通混凝土相同。

混凝土的容許應力（RC規範）

	長　　期			短　　期		
	壓力	拉力	剪力	壓力	拉力	剪力
普通混凝土	$\frac{1}{3}F_c$	—	$\frac{1}{30}F_c$ 且在 $(0.5+\frac{1}{100}F_c)$ 以下	長期的 2倍	—	長期的 1.5倍
輕質混凝土 1種及2種			普通混凝土的0.9倍			

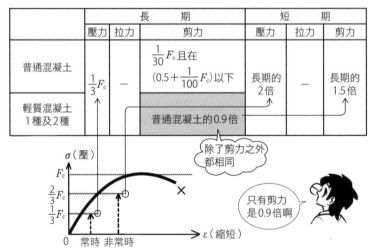

除了剪力之外
都相同

只有剪力
是0.9倍啊

Q 1. RC規範中，梁主筋的混凝土容許握裹應力，上端筋會比下端筋小。

2. 用於計算所需握裹長度的容許握裹應力，比起「上端筋（彎曲材的鋼筋，下方澆置300mm以上混凝土的水平鋼筋）」，「其他鋼筋」會比較大。

....

A 握裹力是指混凝土和鋼筋之間握裹的力量，包含水泥膠結材和鋼之間的握裹力＋側壓力產生的摩擦力＋鋼材表面凹凸所產生的抵抗力。鋼筋受拉時，為了不讓混凝土內部錯動，每單位鋼筋表面積的力必須在容許握裹應力以下。

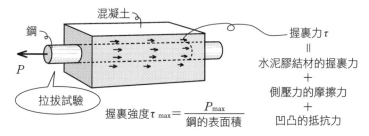

握裹強度 $\tau_{max} = \dfrac{P_{max}}{鋼的表面積}$

梁的上端筋，由於鋼筋下的預拌混凝土會下沉，形成縫隙，使握裹力下降。因此在RC規範中，上端筋的容許握裹應力比較小（**1、2**為○）。

竹節鋼筋的混凝土容許握裹應力（RC規範）

	長　　期		短　　期
	上端筋	其他鋼筋	
普通 混凝土	$\dfrac{1}{15}F_c$ 且在 $(0.9+\dfrac{2}{75}F_c)$ 以下	$\dfrac{1}{10}F_c$ 且在 $(1.35+\dfrac{1}{25}F_c)$ 以下	長期的1.5倍

上端筋是在彎曲材中，其鋼筋下方澆置300mm以上混凝土的水平鋼筋

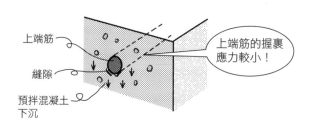

答案 ▶ 1. ○　2. ○

Q **1.** SD345是一種鋼筋混凝土用的竹節鋼棒。

2. 鋼棒SR235的記號R，表示該鋼棒是以再生鋼棒製成。

3. 竹節鋼棒SD345的降伏點下限值為345N/mm²。

4. 竹節鋼棒SD345的「降伏點或0.2%偏移降伏強度」為345～440 N/mm²。

A SD是steel deformed bar的縮寫，為表面凹凸不平的竹節鋼棒（竹節鋼棒）（**1**為○）。SR是steel round bar的縮寫，為表面光滑的圓鋼筋（光面鋼筋）（**2**為×）。接在SD、SR後面的數字是降伏點強度（**3**、**4**為○）。依鋼材的成形、加工，有可能無法得到漂亮的降伏點、降伏平台。此時可取ε向右偏移（offset）0.2%的直線和圖解的交點，以0.2%偏移降伏強度（offset yield strength）作為降伏點（參見R181）。

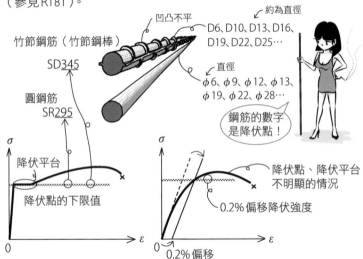

凹凸不平

竹節鋼筋（竹節鋼棒）

SD<u>345</u>

圓鋼筋

SR<u>295</u>

約為直徑 D6、D10、D13、D16、D19、D22、D25…

直徑 φ6、φ9、φ12、φ13、φ19、φ22、φ28…

鋼筋的數字是降伏點！

σ

降伏平台

降伏點的下限值

0 ε

σ

降伏點、降伏平台不明顯的情況

0.2%偏移降伏強度

0 0.2%偏移 ε

答案 ▶ **1.** ○ **2.** × **3.** ○ **4.** ○

Q 為了確認建築物的撓度或振動不會造成使用上的阻礙，所採用的方法是檢討梁及樓板的斷面應力。

A 梁及樓板產生多少的撓度，或者是否會因撓度引起振動等，是由彈性模數 E 和斷面二次矩 I 決定。每變形1單位的應變 ε（$\frac{變位}{原長}$）所需要的力 σ（N/mm²）為彈性模數 E，是由材料決定的係數。而由斷面形狀及大小決定者為斷面二次矩 I。$E \times I$ 的值越大，撓度就越小。在相同彎矩 M 下，會依混凝土、鋼的不同，梁的形狀是T型或四角形而改變。因此只要計算內力→應力，比較材料強度，就可以知道是否容易破壞（答案為×）。

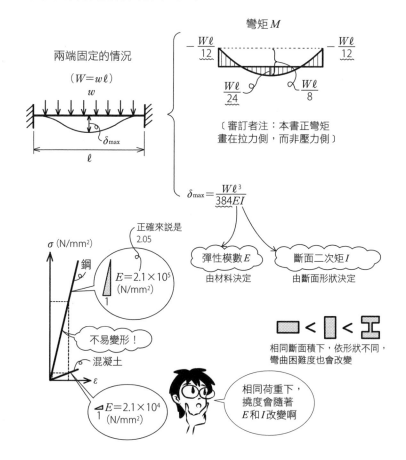

彎矩 M

$-\dfrac{W\ell}{12}$　　　　　　　　　$-\dfrac{W\ell}{12}$

$\dfrac{W\ell}{24}$　　　$\dfrac{W\ell}{8}$

〔審訂者注：本書正彎矩畫在拉力側，而非壓力側〕

兩端固定的情況

$(W = w\ell)$

w

δ_{max}

ℓ

$\delta_{max} = \dfrac{W\ell^3}{384EI}$

正確來說是 2.05

σ (N/mm²)

鋼

$E = 2.1 \times 10^5$ (N/mm²)

1

不易變形！

混凝土

ε

$E = 2.1 \times 10^4$ (N/mm²)

1

彈性模數 E
由材料決定

斷面二次矩 I
由斷面形狀決定

□ < ▯ < 工

相同斷面積下，依形狀不同，彎曲困難度也會改變

相同荷重下，撓度會隨著 E 和 I 改變啊

3

RC造的梁

Q **1.** 計算鋼筋混凝土結構的柱和梁的勁度時，可以忽略彈性模數小的
混凝土，使用彈性模數較大的鋼筋勁度。

2. 計算鋼筋混凝土結構的柱構材的斷面彎曲剛度時，斷面二次矩是
使用混凝土斷面，彈性模數是使用混凝土和鋼筋的平均值。

⋯⋯⋯⋯⋯⋯⋯⋯⋯⋯⋯⋯⋯⋯⋯⋯⋯⋯⋯⋯⋯⋯⋯⋯⋯⋯⋯⋯⋯⋯

A <u>勁度（斷面彎曲剛度）是表示彎曲困難度、撓曲困難度的係數，可
由 EI（彈性模數×斷面二次矩）求得</u>。E 是 $\sigma-\varepsilon$ 圖中原點附近的斜
率，是由材料決定的係數。E 越大，表示越難變形。I 是由斷面形
狀決定彎曲困難度的係數。相同斷面積下，縱長或以 H 型橫放的
梁，其 I 較大，較難彎曲。撓度 δ 和撓角 θ 的公式中，一定會出現
EI。因為這是從共軛梁法的虛擬荷重 $\dfrac{M}{EI}$ 求得的關係。

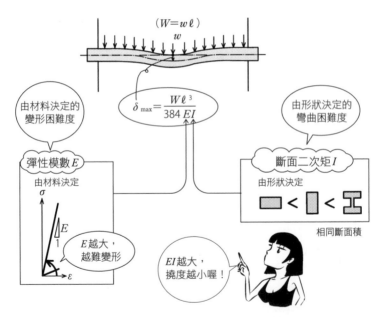

在 RC 中，混凝土的斷面積有著壓倒性的分量，求出混凝土的 E 和
I，就能得到斷面彎曲剛度 EI（RC 規範，**1**、**2** 為 ╳）。或可將鋼筋
的斷面積全部換算成混凝土，全斷面以混凝土的彈性模數加總起
來，也是另一種計算方法。

⋯⋯⋯⋯⋯⋯⋯⋯⋯⋯⋯⋯⋯⋯⋯⋯⋯⋯⋯⋯⋯⋯⋯⋯⋯⋯⋯⋯⋯⋯

答案 ▶ 1. ╳　　2. ╳

Q **1.** 計算1次設計的內力，如梁構材附有樓板的斷面彎曲剛度時，要
考量樓板的有效寬度，使用T型斷面構材的值。

2. 由於梁和樓板為整體澆置，考量梁的勁度時，要考慮樓板的有效
寬度，以T型梁來計算。

....

A 在RC中，常見梁和樓板一體化的情況。樓板的鋼筋會和梁固定在
一起（無法拔除，相當堅固）。梁和樓板為一體化L型、T型的梁，
比長方形斷面的梁更不易彎曲。斷面二次矩I會成比例增加，更不
易彎曲。此比率稱為<u>勁度增加率</u>，L型的概算為1.5倍、T型為2
倍。斷面彎曲剛度＝$E×I$，E為混凝土的值，I則以比例增加後的
值來計算（**1**、**2**為○）。

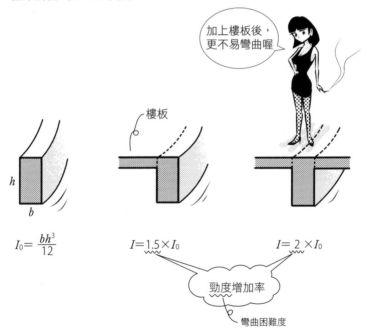

加上樓板後，
更不易彎曲喔

樓板

h

b

$$I_0 = \frac{bh^3}{12}$$

$I = 1.5 × I_0$　　　　　　　$I = 2 × I_0$

勁度增加率

彎曲困難度

1次設計是指容許應力的計算，以①荷重計算，②構架的內力計
算，③構材斷面的應力計算，④應力≦容許應力的順序進行。內力
計算時，求得I，由勁度$K = I/\ell$ 算出勁度比$k = K/K_0$時，I依上述
進行比例增加。

....

答案 ▶ **1.** ○ 　**2.** ○

Q 1. 鋼筋混凝土結構中，計算構材斷面的彎矩時，可忽略混凝土的拉應力。

2. 鋼筋混凝土結構中，計算柱和梁的容許彎曲應力時，除了混凝土之外，主筋也會負擔壓力。

....

A 混凝土的拉應力最大值（抗拉強度），只有壓應力最大值（抗壓強度）的1/10。這個抗壓強度是鋼的1/20～1/10。考量鋼筋混凝土結構的斷面時，<u>可以忽略混凝土的抗拉強度，視為0來計算</u>（**1** 為○）。

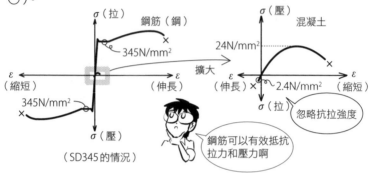

（SD345的情況）

不管是柱或梁，<u>朝軸方向加入的粗鋼筋為主筋</u>。柱或梁彎曲時，以突出側為拉伸，凹陷側為壓縮。<u>拉力側只有鋼筋在抵抗，壓力側則是由鋼筋和混凝土在抵抗</u>（**2** 為○）。距離不伸長也不縮短的中性軸越遠，其伸長和縮短的變形越大，因變形而產生的壓應力和拉應力，也是離中性軸越遠就越大。壓力側為鋼筋和混凝土，拉力側只有鋼筋在負擔，因此中性軸不會像鋼一樣在長方形斷面的中心。

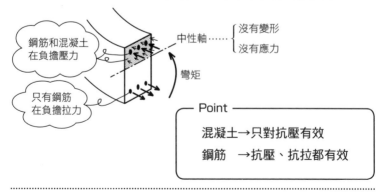

中性軸⋯⋯ { 沒有變形　沒有應力

彎矩

鋼筋和混凝土在負擔壓力

只有鋼筋在負擔拉力

― Point ―
混凝土→只對抗壓有效
鋼筋　→抗壓、抗拉都有效

....

Q 鋼筋混凝土結構中

    1. 使用普通混凝土的柱短邊，在不進行結構計算的情況下，為支承間距離的 1/20。

    2. 使用輕質混凝土的柱短邊，為支承間距離的 1/10。

    3. 在無法確實計算因潛變等造成的變形增加，形成使用障礙的情況下，梁深要使用超過梁的支承間距離的 1/10。

A 柱或梁較細長時，容易彎折產生挫屈或是撓度，因此要先決定相對於高度或長度的粗細（徑、深）。<u>短邊</u>是指寬度中較小者。普通混凝土的 RC 柱，為支承間距離的 1/15 以上，輕質混凝土為 1/10 以上（RC 規範，**1** 為 ╳，**2** 為 ○）。RC 梁為支承間距離的 1/10 以上（建告，**3** 為 ○）。

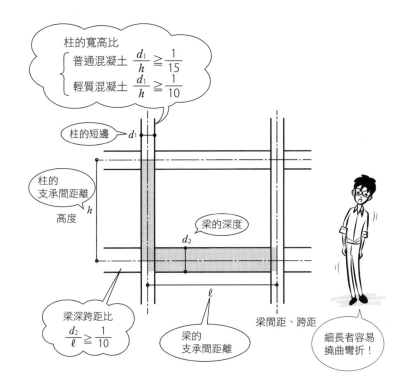

柱的寬高比

$$普通混凝土 \quad \frac{d_1}{h} \geqq \frac{1}{15}$$

$$輕質混凝土 \quad \frac{d_1}{h} \geqq \frac{1}{10}$$

柱的短邊 — d_1

柱的支承間距離　高度　h

梁的深度

d_2

梁深跨距比

$$\frac{d_2}{\ell} \geqq \frac{1}{10}$$

ℓ

梁的支承間距離

梁間距、跨距

細長者容易撓曲彎折！

3

RC造的梁

Q 鋼筋混凝土結構中

1. 梁上設置設備用圓形貫穿孔時，直徑為梁深的1/2。

2. 梁上設置貫穿孔時，最好不要接近柱。

3. 梁的構材端部有較大的地震應力，在設置貫穿孔時，比起構材兩端，設置在構材中央者，可以減少梁的韌性降低。

....

A 貫穿孔也可稱為套筒（sleeve：袖套），設置在梁、牆時，要特別注意位置、大小以及補強，直徑要在梁深的1/3以下（RC規範解說部，**1**為×）。

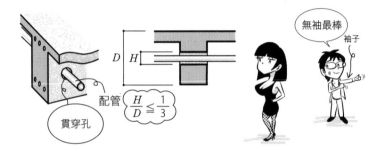

短期（非常時）作用的地震力，會在梁端部產生較大的彎矩 M。加上長期（常時）垂直荷重產生的 M，端部的 M 就更大了。剪力 Q 是 M 的斜率（$Q = \dfrac{dM}{dx}$），端部的 Q 也會較大。因此套筒要避免設置在應力大的端部（**2**、**3**為○）。

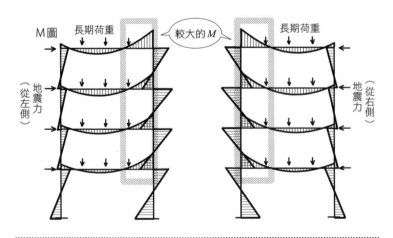

....

答案 ▶ **1.** ✕　**2.** ○　**3.** ○

Q 如圖承受荷重的鋼筋混凝土結構梁，最不適當的主筋位置是哪一個？

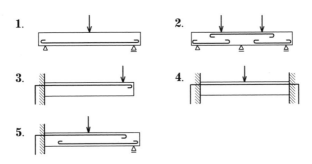

A 混凝土的抗拉強度只有抗壓強度的 1/10。拉力側若不以鋼筋補強，梁馬上就會開裂。鋼的強度在抗壓和抗拉都相同，大約是混凝土抗壓強度的 15 倍。朝梁的軸方向加入的主筋是抗拉的補強，對抗壓也有效。

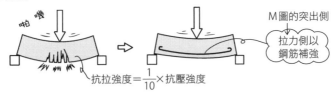

考量梁的 M 圖和變形形狀，在 M 圖的突出側加入鋼筋。實際上梁會受到來自左右的地震或風的水平力作用，突出側會上下移動，因此主筋也會跟著設置在上下方（雙筋梁）。

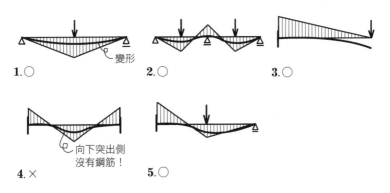

答案 ▶ 4

3

RC造的梁

柱梁斷面產生的彎矩 M 相當重要，先記住哪邊是突出側會比較輕鬆。M 圖往突出側變形，成為拉力側，RC 造就要往軸方向加入粗鋼筋（主筋）。〔審訂者注：本書正彎矩畫在拉力側，而非壓力側〕

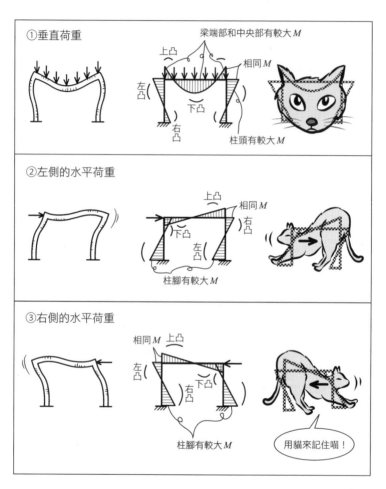

地震時，會產生②→③→②→③，左右交互作用的水平力。在地震中，①也同時在作用，因此 M 圖是加法計算的①＋②、①＋③。

Q 1. 鋼筋混凝土結構的主要梁，全跨距都是雙筋梁。
　　2. 鋼筋混凝土結構梁的抗壓鋼筋，可以抑制長期荷重造成的潛變撓度，在地震時亦可有效確保韌性，因此全跨距都是雙筋梁。

A 在梁的上下軸方向皆加入粗鋼筋（主筋）者，稱為<u>雙筋梁</u>；只在拉力側加入主筋者，稱為<u>單筋梁</u>。一般來說，RC構架梁都是雙筋梁。

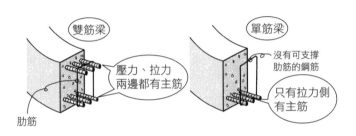

3

RC造的梁

若壓力側也加入主筋，表示混凝土所負擔的壓應力會變小。不管是壓力或拉力，鋼都會發揮完全相同的效果。混凝土形成的壓應力變小，可以防止混凝土壓壞或發生脆性破壞。壓應力變小，使潛變不容易發生，因潛變產生的撓度也會變少（**1**、**2**為○）。

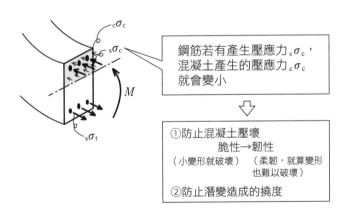

鋼筋若有產生壓應力 $_s\sigma_c$，
混凝土產生的壓應力 $_c\sigma_c$
就會變小

⬇

①防止混凝土壓壞
　　　脆性→韌性
（小變形就破壞）（柔韌，就算變形
　　　　　　　　也難以破壞）

②防止潛變造成的撓度

- 潛變是在荷重持續作用下，變形隨著時間增大的現象，會發生在混凝土和木材上，但鋼材不會。

答案 ▶ **1.** ○　　**2.** ○

Q 下圖有關鋼筋混凝土結構構材中，用以錨定竹節鋼筋的敘述，請判斷是否正確。

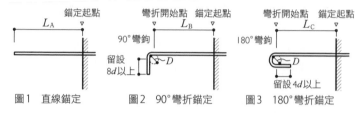

圖1　直線錨定　　　　圖2　90°彎折錨定　　　圖3　180°彎折錨定

1. 圖1所示直線錨定的必要長度L_A，在鋼筋強度越高時會越長。

2. 使用相同鋼筋和混凝土時，圖1所示直線錨定的必要長度L_A，會比圖2所示90°彎折錨定的必要長度L_B來得長。

3. 使用相同鋼筋和混凝土時，圖3所示180°彎折錨定的必要長度L_C，會比圖2所示90°彎折錨定的必要長度L_B來得短。

4. 圖2所示90°彎折鋼筋的彎折開始點以後的部分，若在橫向補強筋拘束範圍予以錨定，可以提升錨定性能。

....

A 混凝土的設計基準強度F_c越大，握裹強度就越大，鋼筋不易拔除，錨定長度就可以比較短。相同F_c下，鋼筋的強度越高，所負擔的內力也會越高，錨定長度就越長（配筋指南，**1**為○）。

$$\begin{cases} 混凝土 F_c 大 \rightarrow 握裹強度大 \rightarrow 錨定長度較短 \\ 鋼筋強度大 \rightarrow 負擔內力大 \rightarrow 錨定長度較長 \end{cases}$$

直線狀放入混凝土錨定時，會比附有彎鉤的鋼筋錨定來得容易拔除。因此直線錨定的錨定長度會比較長（配筋指南，**2**為○）。

配筋指南中只對是否附有彎鉤做區別，不看其形狀是180°或90°（**3**為×）。

混凝土橫向受到箍筋或肋筋約束時，鋼筋所受的壓力不易減少，混凝土破壞時不易露出縫隙，因此鋼筋不容易拔除（**4**為○）。

錨定長度

不含彎鉤

不易拔除時錨定長度可較短

....

答案 ▶ 1. ○　2. ○　3. ×　4. ○

Q 有關下圖鋼筋混凝土結構的敘述，請判斷是否正確。

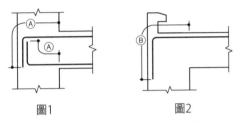

圖1　　　　　　圖2

1. 如圖1在一般樓層的梁端部主筋，Ⓐ部分為錨定長度。
2. 如圖2在最高樓層梁的上端筋，Ⓑ部分為錨定長度。

A 梁的主筋如圖1所示，在柱的對側會有L型彎折，確實予以螺栓固定，拔除後梁也不會掉落（配筋指南，**1**為○）。上端筋向下彎折，下端筋向上彎折，以設置在交會區（panel zone，柱梁接合部）為原則（RC規範）。因為交會區較不容易破壞。

3

RC造的梁

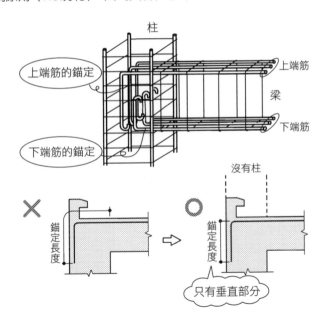

最上層的上端筋因為上方沒有柱，較容易拔除，以彎折後的垂直部分為錨定長度（配筋指南，**2**為×）。

答案 ▶ 1. ○　2. ×

Q 鋼筋混凝土結構中

1. 在外柱的柱梁接合部，為了確保韌性，梁的下端筋會向上錨定，梁的上端筋和下端筋在柱梁接合部內要有一定的水平錨定長度。

2. 在外圍的柱梁接合部，梁主筋的水平投影長度為柱深的0.75倍以上。

3. 在最上層的梁，其上端筋的1段筋會有如右圖Ⓐ部分的錨定長度。

4. 在最上層的梁，其上端筋的2段筋會有如右圖Ⓑ部分的錨定長度。

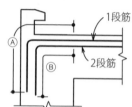

A 梁的下端筋要向上彎折，較不容易破壞，握裹力（韌性）較強（RC規範，**1**為○）。若是向下彎折，接合部會產生斜向的剪力裂縫，沿著鋼筋逐漸破壞，使鋼筋容易拔除。不管是上端筋或下端筋，原則上都要維持在交會區（柱梁接合部）。鋼筋要深入柱寬（深）0.75倍（RC規範，**2**為○）。

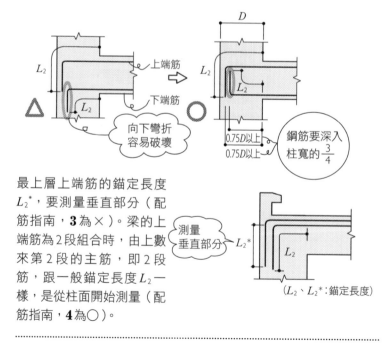

最上層上端筋的錨定長度$L_2{}^*$，要測量垂直部分（配筋指南，**3**為✕）。梁的上端筋為2段組合時，由上數來第2段的主筋，即2段筋，跟一般錨定長度L_2一樣，是從柱面開始測量（配筋指南，**4**為○）。

$(L_2 、 L_2{}^*：錨定長度)$

答案 ▶ **1.** ○ 　**2.** ○ 　**3.** ✕ 　**4.** ○

Q 以下表示鋼筋混凝土結構的鋼筋錨定圖，請判斷是否正確。

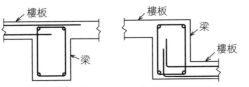

1. 兩側有樓板時，
樓板筋端部的錨定

2. 樓板不對稱時，
樓板筋端部的錨定

3. 一般樓層的
梁主筋錨定

4. 單側有樓板時，
肋筋末端部的配置

5. 箍筋末端部
的配置

A 樓板的鋼筋，只要以直線方式穿過梁就OK，但<u>樓板端和梁之間的
固定就要靠上端筋的彎折</u>（配筋指南，**1**、**2**為○）。

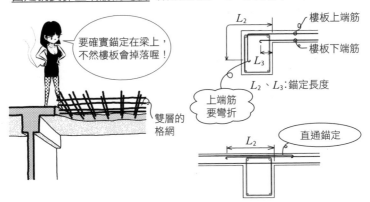

梁主筋和柱之間的錨定，原則上要使上端筋、下端筋的彎折都進入
交會區（配筋指南，**3**為○）。比起向下彎折，下端筋要向上彎折
才能進入交會區。

箍筋135°彎鉤是OK的（參見R104，**5**為○）。<u>原則上肋筋的彎鉤
也是135°，只有樓板側可容許為90°彎鉤（配筋指南，**4**為╳）。記
住，輪狀的鋼筋末端部為135°。</u>

答案 ▶ **1.** ○　**2.** ○　**3.** ○　**4.** ╳　**5.** ○

Q 鋼筋混凝土結構中

1. 柱的主筋全斷面積相對於混凝土全斷面積的比例，在沒有進行結構計算的情況下，會隨著混凝土斷面積增加一定程度以上，即0.4%。

2. 計算剪力牆構架（剪力牆四周的構架）的梁主筋時，除去樓板部分，梁的主筋全斷面積相對於混凝土全斷面積的比例為0.4%。

......

A 柱的主筋量為柱全斷面積的0.8%（RC規範，**1**為×）。梁的主筋量在剪力牆構架的情況下為0.8%以上（RC規範，**2**為×）。<u>0.4%以上是梁的平衡鋼筋比 p_t 的規定</u>（R065）。

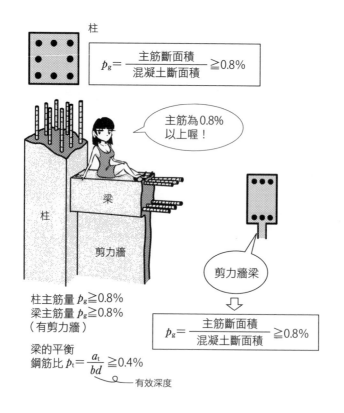

柱

$$p_g = \frac{主筋斷面積}{混凝土斷面積} \geqq 0.8\%$$

主筋為0.8%以上喔！

柱

梁

剪力牆

剪力牆梁

柱主筋量 $p_g \geqq 0.8\%$
梁主筋量 $p_g \geqq 0.8\%$
（有剪力牆）

梁的平衡
鋼筋比 $p_t = \dfrac{a_t}{bd} \geqq 0.4\%$

有效深度

$$p_g = \frac{主筋斷面積}{混凝土斷面積} \geqq 0.8\%$$

Q 梁的拉力鋼筋比低於平衡鋼筋比時，梁的最大彎矩幾乎和拉力鋼筋的斷面積成正比。

···

A 拉力鋼筋比p_t，是指和彎曲材的斷面積相比，有多少拉力鋼筋的比例。要注意，<u>分母不是整體的斷面積，而是有效斷面積</u>。

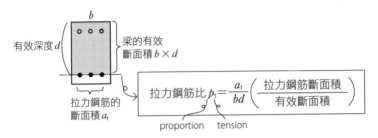

$$拉力鋼筋比\ p_t = \frac{a_t}{bd}\left(\frac{拉力鋼筋斷面積}{有效斷面積}\right)$$

proportion　　tension

拉力鋼筋的量少時，彎矩M變大，鋼筋很快就會達到容許拉應力f_t。若是增加鋼筋量，鋼筋達到f_t的同時，混凝土的壓應力最大值（邊緣壓應力）會達到容許壓應力f_c。<u>鋼筋和混凝土同時達到容許應力時的拉力鋼筋比p_t，稱為平衡鋼筋比</u>。注意<u>M為斷面整體</u>，<u>f_t為斷面的一部分</u>。

在拉力鋼筋比以下，和混凝土的抗壓強度相比，鋼筋量較少，會以鋼筋量來決定容許彎曲應力。鋼筋的斷面積a_t較大時，容許彎曲應力幾乎是成正比變大（答案為○）。

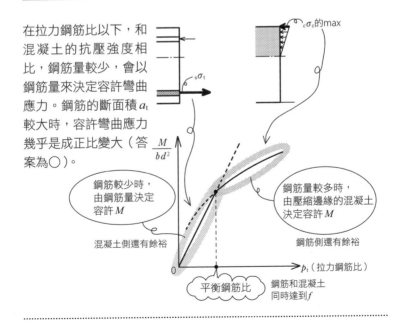

鋼筋較少時，由鋼筋量決定容許M

混凝土側還有餘裕

鋼筋量較多時，由壓縮邊緣的混凝土決定容許M

鋼筋側還有餘裕

p_t（拉力鋼筋比）

平衡鋼筋比

鋼筋和混凝土同時達到f

···

答案 ▶ ○

3

RC造的梁

Q 梁承受長期荷重時的正負最大彎矩的斷面，其最小的拉力鋼筋比，是在「0.4%」和「存在內力的需求量的4/3 倍」之中，取較小者以上的值。

....

A 為了決定梁的最大彎矩，要從混凝土的壓縮邊緣達到容許壓應力f_c時的M，和拉力鋼筋達到容許拉應力f_t時的M，選擇較小者。<u>拉力鋼筋的量是在平衡鋼筋比時，混凝土和鋼筋會同時達到容許應力。</u>混凝土常為現場進行製作，因此鋼筋的信賴性會比較好。要以鋼筋側決定容許M時，拉力鋼筋比p_t會在平衡鋼筋比以下，和混凝土相比，鋼筋會設計成較弱側。就像兩個體力相當的馬拉松跑者同時累到精疲力盡一樣，鋼筋和混凝土也是幾乎同時達到容許應力，因此以距離平衡鋼筋比較近的地方來決定鋼筋量，是最不浪費的設計方式。<u>p_t在0.4%以上、平衡鋼筋比以下時，可以調整至距離平衡鋼筋比較近的數值。</u>

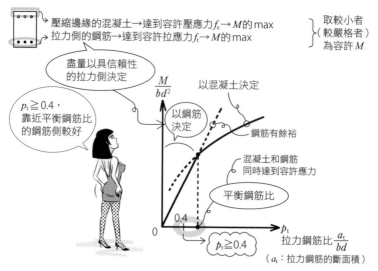

壓縮邊緣的混凝土→達到容許壓應力f_c→M的 max
拉力側的鋼筋→達到容許拉應力f_t→M的 max

取較小者
（較嚴格者）
為容許 M

盡量以具信賴性的拉力側決定

$\dfrac{M}{bd^2}$

以混凝土決定

$p_t \geqq 0.4$，靠近平衡鋼筋比的鋼筋側較好

以鋼筋決定

鋼筋有餘裕

混凝土和鋼筋同時達到容許應力

平衡鋼筋比

0.4

$p_t \geqq 0.4$

p_t　拉力鋼筋比 $\dfrac{a_t}{bd}$

（a_t：拉力鋼筋的斷面積）

p_t太小時，鋼筋和混凝土之間的平衡變差，具有握裏力的鋼筋變少，因此至少要在0.4%以上。其他如基礎梁等的大斷面，較少產生因拉力造成的開裂危險，若是未達0.4%，只要有內力的4/3 倍的鋼筋量也可以（RC規範，答案為○）。

....

答案 ▶ ○

Q 計算梁斷面的彎矩時，梁的拉力鋼筋比在平衡鋼筋比以下，梁的容許彎曲應力會以 a_t（拉力鋼筋的斷面積）× f_t（鋼筋的容許拉應力）× j（彎曲材的內力中心距離）來計算。

A 拉力鋼筋比 p_t 和彎矩 M 的關係，若是以壓力和拉力鋼筋量的比來決定，會形成一個圖解。以 M/bd^2 作為縱軸，是因為當寬度 b 和有效深度 d 組成此式時，就只剩下 M 和 p_t 的關係。<u>p_t＝平衡鋼筋比，表示拉力鋼筋和壓縮邊緣的混凝土同時達到容許應力，在這以下就是拉力鋼筋會先達到容許應力。M 是壓力和拉力的力偶所產生</u>，以鋼筋決定容許 M 時，就可以用鋼筋的 f_t 造成的力偶＝容許 M 來計算。

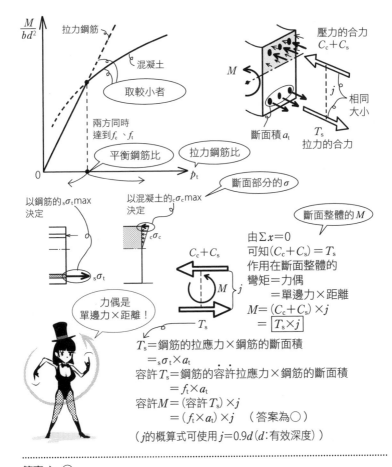

由 $\Sigma x=0$
可知 $(C_c+C_s)=T_s$
作用在斷面整體的
彎矩＝力偶
　　　＝單邊力×距離
$M=(C_c+C_s)\times j$
　＝ $\boxed{T_s\times j}$

T_s＝鋼筋的拉應力×鋼筋的斷面積
　　＝$_s\sigma_t\times a_t$
容許 T_s＝鋼筋的容許拉應力×鋼筋的斷面積
　　　　＝$f_t\times a_t$
容許 M＝（容許 T_s）×j
　　　　＝$(f_t\times a_t)\times j$　（答案為○）
（j 的概算式可使用 $j=0.9d$（d：有效深度））

3

RC造的梁

Q 矩形梁的容許彎曲應力，是從壓縮邊緣的混凝土達到容許壓應力，以及拉力側鋼筋達到容許拉應力時所算出的值當中，取較大者。

A 下圖受彎矩作用的矩形梁，其中性軸以上受壓力而縮短，中性軸以下受拉力而伸長。假設變形後的斷面也是保持平面，變形會和中性軸的距離成正比而變大（①），使之變形的應力也會變大。混凝土的壓應力是以上緣為最大（②）。鋼筋的應力，則是以變形較大的拉力側會比壓力側來得大（③）。混凝土的壓應力和鋼筋的拉應力中，只要有一方達到容許應力的階段，梁就會彎曲，並且判斷為危險狀態，當下的彎曲應力就是容許彎曲應力。因此是以較小值為之（答案為×）。

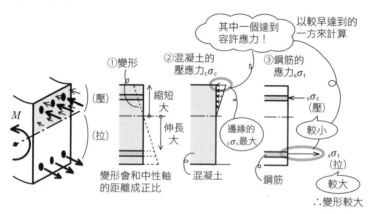

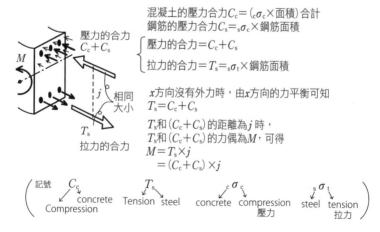

混凝土的壓力合力 $C_c = ({}_c\sigma_c \times 面積)$ 合計
鋼筋的壓力合力 $C_s = {}_s\sigma_c \times 鋼筋面積$

- 壓力的合力 $= C_c + C_s$
- 拉力的合力 $= T_s = {}_s\sigma_t \times 鋼筋面積$

x方向沒有外力時，由x方向的力平衡可知
$$T_s = C_c + C_s$$

T_s 和 $(C_c + C_s)$ 的距離為 j 時，
T_s 和 $(C_c + C_s)$ 的力偶為 M，可得
$$M = T_s \times j$$
$$= (C_c + C_s) \times j$$

$$
\left(
\begin{array}{llll}
記號 & C_c & T_s \\
& \downarrow & \downarrow \\
& \text{concrete} & \text{Tension steel} \\
& \text{Compression} &
\end{array}
\right.
$$

${}_c\sigma_c$ → concrete compression 壓力
${}_s\sigma_t$ → steel tension 拉力

答案 ▶ ×

在此總結一下有關求取梁鋼筋量的圖解。連同形狀一起記下來吧。
以內力計算求出梁各部的彎曲應力，再由斷面形狀得到 $\frac{M}{bd^2}$。從
γ、F_c、f_t、f_c、E 的比求得 p_t。

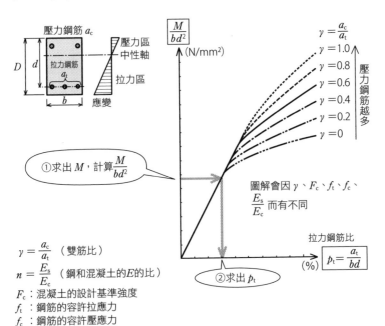

$\gamma = \dfrac{a_c}{a_t}$ （雙筋比）

$n = \dfrac{E_s}{E_c}$ （鋼和混凝土的E的比）

F_c：混凝土的設計基準強度
f_t：鋼筋的容許拉應力
f_c：鋼筋的容許壓應力

① 求出 M，計算 $\dfrac{M}{bd^2}$

圖解會因 γ、F_c、f_t、f_c、$\dfrac{E_s}{E_c}$ 而有不同

② 求出 p_t

拉力鋼筋比

$p_t = \dfrac{a_t}{bd}$

壓力鋼筋 a_c
壓力區
中性軸
D d
拉力鋼筋 a_t
拉力區
應變
b

$\dfrac{M}{bd^2}$
(N/mm^2)

$\gamma = \dfrac{a_c}{a_t}$
$\gamma = 1.0$
$\gamma = 0.8$
$\gamma = 0.6$
$\gamma = 0.4$
$\gamma = 0.2$
$\gamma = 0$
壓力鋼筋越多

(%)

$\dfrac{M}{bd^2}$ 和 p_t 的圖解

用水管和水來記住吧！

鋼 筋 ← 棒狀
所決定的
直線
（拉力鋼筋
會先破壞）

水 →

使用水的
混凝土
所決定的
曲線
（壓力混凝土
會先破壞）

3
RC造的梁

Q 斷面如圖的鋼筋混凝土結構梁，承受上側壓力、下側拉力的彎矩作用時，請求出其極限彎矩。此時混凝土的抗壓強度為 $36N/mm^2$，主筋（D25）每根的斷面積為 $507mm^2$，主筋的降伏應力為 $345N/mm^2$，拉力鋼筋的降伏會比壓力混凝土的破壞早發生。

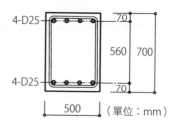

A ①塑性彎矩 M_p（plasticity：塑性），是指全斷面降伏成為塑性狀態時的彎矩。鋼的壓力、拉力降伏應力 σ_y（yield：降伏）都相同，全斷面塑性時，壓力側的 σ_y 區塊和拉力側的 σ_y 區塊大小相同，成為很單純漂亮的形狀。

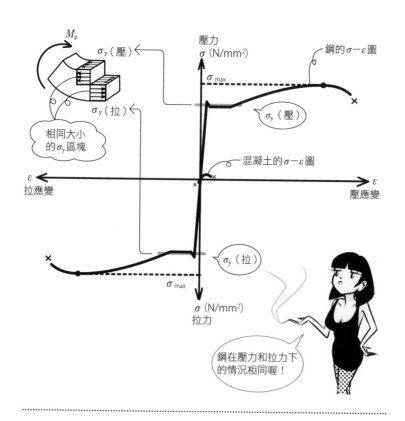

②混凝土的$\sigma-\varepsilon$圖，高度只有鋼的1/15左右，也沒有從原點拉出的直線部分（彈性區域），<u>混凝土的拉力σ_{max}只有壓力的1/10左右</u>。當梁承受強大的彎曲作用時，拉力側的混凝土很容易開裂，形成只剩鋼筋與之抵抗的情形（下圖②）。如果彎矩更大時，壓力側剩下的混凝土σ_{max}會和拉力側鋼筋的σ_y形成力偶，一邊抵抗彎曲，一邊變形直至破壞（下圖③）。此時不是全斷面塑性的塑性彎矩，而是破壞、最終的彎矩，稱為<u>極限彎矩M_u（ultimate：極限）</u>。

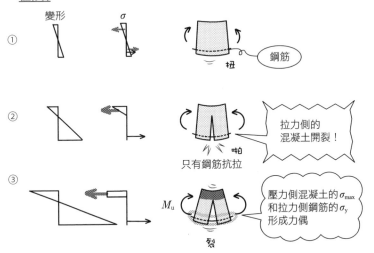

③壓力C的σ_{max}區塊較難確定，無法計算。而拉力T可由（鋼筋的斷面積合計）×（鋼筋的σ_y）來求得。另外，<u>j是使用拉力鋼筋中心至梁上端的高度d（有效深度）的0.9倍來概算</u>。

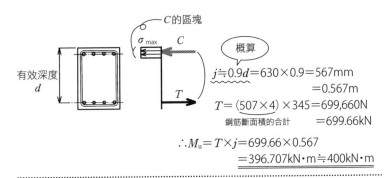

概算

$$j \fallingdotseq 0.9d = 630 \times 0.9 = 567mm$$
$$= 0.567m$$
$$T = (507 \times 4) \times 345 = 699,660N$$
鋼筋斷面積的合計　　　$= 699.66kN$
$$\therefore M_u = T \times j = 699.66 \times 0.567$$
$$= 396.707kN \cdot m \fallingdotseq 400kN \cdot m$$

答案 ▶ 400kN·m

Q 如圖1承受水平力P的鋼筋混凝土構架結構，全長的梁斷面如圖2所示，梁的拉力鋼筋降伏會比混凝土的壓力破壞早發生。請求出此時A點的極限彎矩M_u。其他條件如(1)～(4)所述。

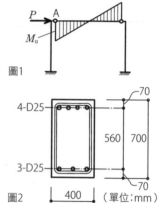

圖1

4-D25

3-D25

70

560　700

70

400 （單位:mm）

圖2

條件
(1) 鋼筋的降伏應力σ_y：350N/mm²
(2) 混凝土的抗壓強度F_c：24N/mm²
(3) 主筋（D25）每根的斷面積：500mm²
(4) 忽略梁的自重

....

A ①單以平衡無法求出反力、內力的（靜不定）構架，先記住M圖的形式會比較便利。一般是先將M圖分成承受垂直荷重和水平荷重時的情況，分別算出後再加以組合（加法）。

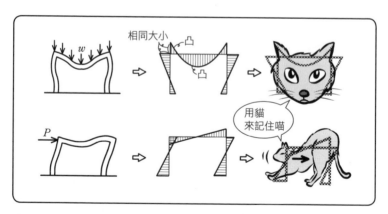

相同大小

w

用貓
來記住喵

P

②水平力P越大，某點材料產生降伏，在相同力下也會持續變形。因為就像鉸接一樣旋轉，所以稱為塑性鉸。在柱梁接合部中，柱和梁之間抗彎較弱者會形成塑性鉸，產生旋轉。
達到降伏點σ_y的鋼筋，不會馬上斷掉，而是像麻糬一樣延長。以梁整體來看，就像是鉸接在旋轉一樣。

....

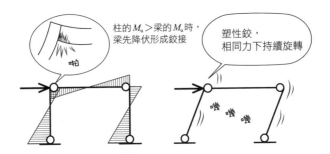

柱的 M_u ＞梁的 M_u 時，
梁先降伏形成鉸接

塑性鉸，
相同力下持續旋轉

③問題的A點，從M圖可知為向梁下突出，下側的鋼筋在抵抗拉
力。可算出鋼筋3根的降伏強度（ T ），再乘上 $j = 0.9 \times$ 有效深
度，求得 M_u 。

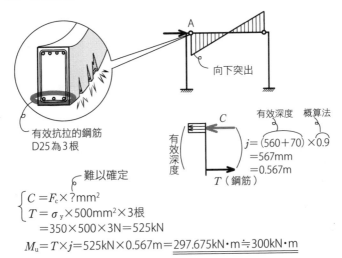

A

向下突出

有效抗拉的鋼筋
D25為3根

C

有效深度　概算法

$j = (560 + 70) \times 0.9$
$= 567\text{mm}$
$= 0.567\text{m}$

有
效
深
度

T（鋼筋）

難以確定

$\begin{cases} C = F_c \times ?\text{mm}^2 \\ T = \sigma_y \times 500\text{mm}^2 \times 3\text{根} \\ \quad = 350 \times 500 \times 3\text{N} = 525\text{kN} \end{cases}$

$M_u = T \times j = 525\text{kN} \times 0.567\text{m} = \underline{297.675\text{kN} \cdot \text{m} \doteqdot 300\text{kN} \cdot \text{m}}$

Point

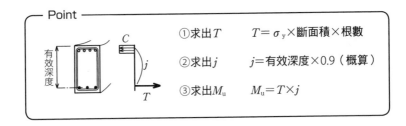

有
效
深
度

C

j

T

①求出 T　　　$T = \sigma_y \times$ 斷面積 × 根數

②求出 j　　　$j =$ 有效深度 × 0.9（概算）

③求出 M_u　　$M_u = T \times j$

答案 ▶ 300kN·m

3

RC造的梁

梁的彎曲破壞有幾種形式，比較麻煩，在此總結一下。利用圖像記憶烙印在右腦裡吧。

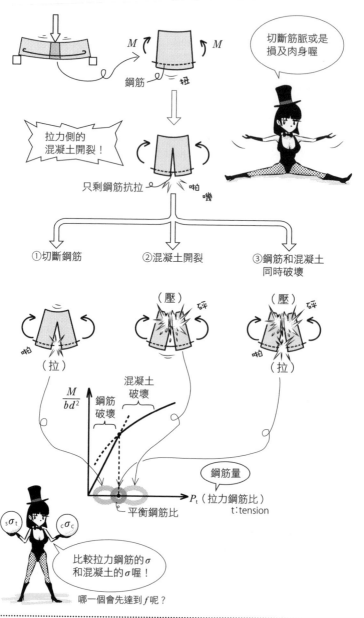

Q 鋼筋混凝土結構中

　　1. 計算柱和梁的容許剪力時，主筋不會負擔剪力作用。

　　2. 箍筋及肋筋的間隔越密集，構材之間的握裏力效果越強。

....

A 放在柱梁軸方向的粗鋼筋為<u>主筋</u>，圍繞主筋的細鋼筋則為<u>剪力筋</u>（shear reinforcement）。柱的剪力筋稱為<u>箍筋</u>（hoop），梁的剪力筋稱為<u>肋筋</u>（stirrup）。用以抵抗剪力 Q 的就是圍繞起來的箍筋、肋筋，而不是主筋（**1** 為○）。

Q 會使柱梁的斷面變形成平行四邊形，斷面內的中央部位有最大剪應力 τ 作用。平行四邊形的長方向會有對角線的拉力作用，箍筋、肋筋就是使之不要往對角線方向擴張，抵抗拉力。

Q 作用時，微小的變形就會讓混凝土破壞（脆性破壞）。多圍繞鋼筋可以提高抗剪強度，提升握裏力（韌性）（**2** 為○）。

3

R
C
造
的
梁

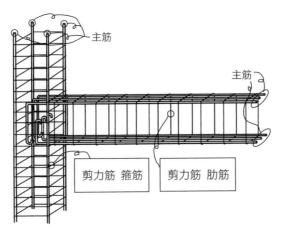

剪力筋 箍筋　　　剪力筋 肋筋

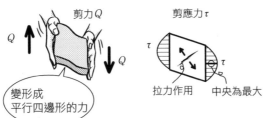

剪力 Q　　　　　　　剪應力 τ

Q　　　　　　　　　　　　　　τ

　　　　　　　Q　　　　　　　　　τ

變形成　　　　　　　拉力作用　中央為最大
平行四邊形的力

....

答案 ▶ **1.** ○　　**2.** ○

Q 鋼筋混凝土結構中

　1. 設置箍筋、肋筋的目的，主要是抑制剪力裂縫發生。

　2. 設置箍筋、肋筋，不是要抑制剪力裂縫發生，而是防止裂縫的延伸，有增加構材剪力極限強度的效果。

⋯⋯⋯⋯⋯⋯⋯⋯⋯⋯⋯⋯⋯⋯⋯⋯⋯⋯⋯⋯⋯⋯⋯⋯⋯⋯

A 箍筋、肋筋或説剪力筋都一樣，主要是為了抵抗剪力 Q 而圍繞在主筋上（**1** 為 ×）。剪力極限強度是剪力破壞時的強度，混凝土的抗剪強度會和箍筋、肋筋的抗拉強度一起抵抗破壞。<u>箍筋、肋筋雖然不能阻止剪力裂縫發生，但可以防止裂縫延伸</u>（RC 規範解説部，**2** 為 ○）。

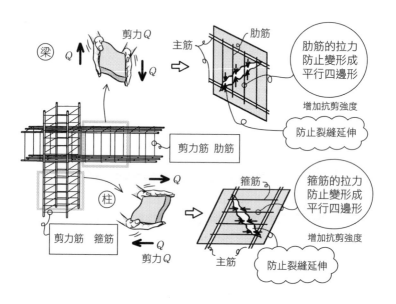

──　Point ────────────────────────────

　　剪力筋　⇨　剪力裂縫　　｛ 抑制發生 ×　▱
　（箍筋、肋筋）　　　　　　　 防止延伸 ○　▱

────────────────────────────────

答案 ▶ **1.** ×　　**2.** ○

Q 梁發生剪力裂縫後，夾著裂縫的斜向混凝土部分會有剪力作用，剪力筋和主筋則有拉力作用，形成桁架機構來抵抗剪力。

....

A 結構計算中的抗剪強度（極限強度：最大強度），是以混凝土的效果＋剪力筋的效果計算而得。RC規範中，求取柱、梁容許剪應力的計算式並沒有出現主筋量。用以抵抗整體剪力 Q 的，是在構材中央附近的混凝土剪力，以及抵抗斜向拉力的剪力筋拉力。

> 抵抗剪力 Q ＝混凝土的效果＋剪力筋的效果

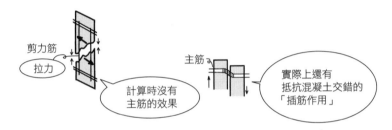

剪力筋　拉力

計算時沒有主筋的效果

主筋

實際上還有抵抗混凝土交錯的「插筋作用」

其實仔細來看，主筋還有抵抗混凝土交錯的「插筋作用」、「插筋效果」（dowel action）。插筋是用以連結材料的小型構材，擔任防止錯開或滑動的角色。例如帕德嫩神殿的柱，在圓形裁切的圓柱間就設置了許多木製的構件。

從實驗求得的容許剪應力式，無法套用在使用高強度混凝土或鋼筋的情況。此時要置換成桁架機構的模型，進行求出剪力極限強度的研究。<u>混凝土發生剪力裂縫產生分裂時，混凝土可用斜向壓縮材、主筋和剪力筋作為水平、垂直的拉力材，組成三角形的構架，予以單純化</u>（答案為○）。

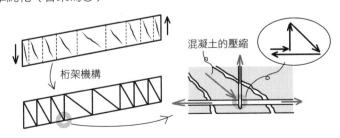

混凝土的壓縮

桁架機構

....

答案 ▶ ○

3

RC造的梁

Q 鋼筋混凝土結構中

1. 為了確保柱和梁的韌性，構材會設計成在剪力破壞前，先達到彎曲降伏。

2. 柱構材的拉力鋼筋越多，彎曲承載力會越大，也能提高韌性。

3. 彎曲降伏的梁，在兩端都達到彎曲降伏時的剪力和梁剪力的比（剪力餘裕）較大者，彎曲降伏後的剪力破壞較難形成，韌性較高。

....

A 彎矩 M 超過容許應力，達到極限彎矩 M_u 時，M 不繼續增加，也會以 M_u 產生旋轉。從達到 M_u 至破壞前，會在韌性狀態中持續變形。另一方面，剪力破壞沒有韌性，會一口氣達到破壞，因此在剪力破壞前先發生彎曲降伏（**1**為○）。增加剪力筋會讓剪力增加，提升韌性（**2**為×，**3**為○）。

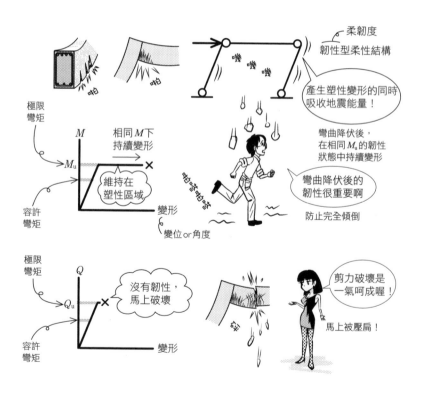

....

答案 ▶ 1. ○　2. ×　3. ○

Q 1. 假設大梁的端部為塑性鉸時，和大梁接續的柱的降伏彎矩值，會
設計成比大梁的值來得小。

2. 設置建築物的破壞機構時，最好把各層的梁端部和1樓柱腳設計
成產生塑性鉸的整體破壞類型。

....

A 施加2倍力會有2倍變形，除去力後會恢復原狀的是彈性。彈性的
結束點就是降伏。降伏以後是塑性區域，在相同力下會持續變形至
破壞。以相同力抵抗並旋轉的塑性鉸會吸收地震的能量，在韌性狀
態中破壞。降伏點的彎矩 M_u 大小，若是柱較小的話，柱會先產生
塑鉸（**1**為×）。

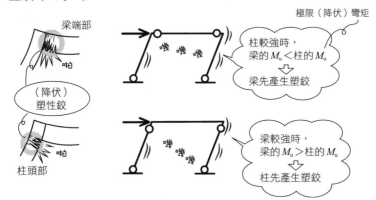

若各層的梁端和1樓柱腳為塑性鉸，會成為許多鉸接在吸收地震能
量，破壞時為整體破壞類型。1樓的柱頭和柱腳為塑性鉸，就成為
只有1樓的柱以塑性鉸在抵抗的部分破壞，會一口氣發生破壞。底
層架空結構的柱，必須避免部分破壞，讓柱的 M_u 較大（**2**為○）。

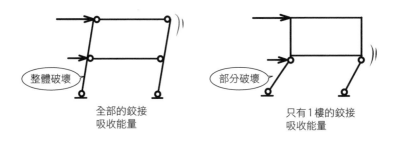

....

答案 ▶ 1. ×　**2.** ○

先把極限水平承載力做個整理吧。高度超過31m（約100尺）的建物，適用耐震計算路徑③，要進行極限水平承載力的計算。

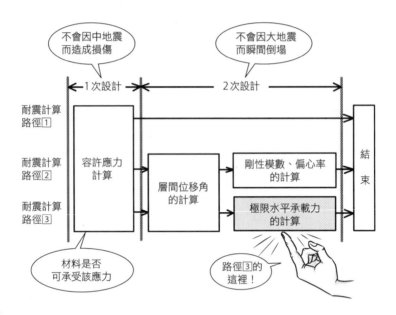

1次設計時，要確認建物各部位所承受的應力都在降伏點以下的彈性範圍內。從降伏點保留一些餘裕，將容許應力設定在保守側，使各應力都能控制在設計之下。

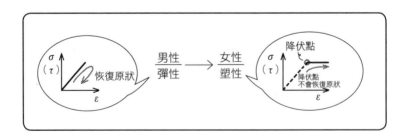

2次設計則是進入應力超過降伏點的塑性區域，變形持續發生，也不會恢復原狀的極限狀態。此時整體都會吸收能量直至破壞，即產生整體破壞，此一設計是為了避免只有部分樓層破壞的部分破壞，或是部分柱破壞的局部破壞等，於瞬間倒塌造成災害。

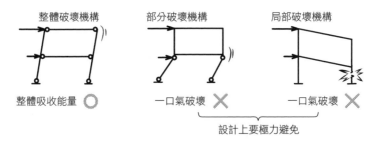

水平承載力是在破壞開始時，各層所持有的最大水平力、最大層剪力。承載力和降伏點的意思很接近，力量再大一點就會離開彈性，進入塑性，構架的變形也不會恢復原狀。極限水平承載力，是指構架在當下所持有的水平承載力，可從各柱梁、承重牆的塑性彎矩 M_p（S造）、極限彎矩 M_u（RC造）等計算出來。

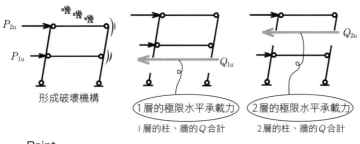

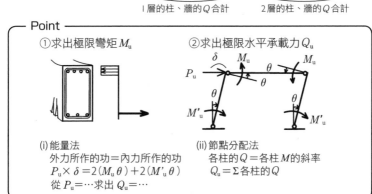

Point

①求出極限彎矩 M_u 　　　②求出極限水平承載力 Q_u

(i) 能量法
外力所作的功＝內力所作的功
$P_u \times \delta = 2(M_u \theta) + 2(M'_u \theta)$
從 $P_u =\cdots$ 求出 $Q_u =\cdots$

(ii) 節點分配法
各柱的 Q＝各柱 M 的斜率
$Q_u = \Sigma$ 各柱的 Q

4

極限水平承載力

不限定某種破壞機構時，計算出的極限水平承載力 Q_u 也有分大小。較小的 Q_u 會先形成破壞機構，極限水平承載力就是取較小的 Q_u。

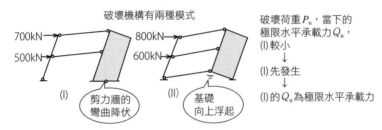

破壞機構有兩種模式

700kN 500kN (I) 剪力牆的彎曲降伏

800kN 600kN (II) 基礎向上浮起

破壞荷重 P_u，當下的極限水平承載力 Q_u，
(I) 較小
↓
(I) 先發生
↓
(I) 的 Q_u 為極限水平承載力

<u>必要極限水平承載力 Q_{un}</u>，是法律規定極限水平承載力的必要量、最低值。可以利用以標準剪力係數 $C_0 \geqq 1$ 所計算的層剪力 Q_{ud}，考量變形難易度、韌性程度而折減的結構特性係數 D_s，以及平面的、立體的偏心、交錯程度而增幅的<u>形狀係數 F_{es}</u>，相乘而得。

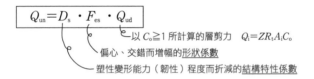

$$Q_{un} = D_s \cdot F_{es} \cdot Q_{ud}$$

以 $C_0 \geqq 1$ 所計算的層剪力 　$Q_i = ZR_tA_iC_0$
偏心、交錯而增幅的<u>形狀係數</u>
塑性變形能力（韌性）程度而折減的<u>結構特性係數</u>

D_s 為折減係數，F_{es} 則為增幅係數。柔軟容易變形者，D_s 較小，S造是在 0.25～0.5 以上，RC造則在 0.3～0.55 以上。F_{es} 為增幅係數，依不平衡、偏心及交錯的程度，在 1～1.5 之間。

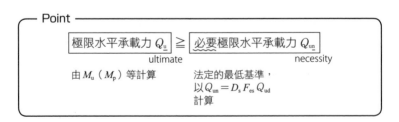

┌ Point ──────────────────────────

極限水平承載力 Q_u ≧ 必要極限水平承載力 Q_{un}
ultimate 　　　　　　　　　　　necessity
由 M_u（M_p）等計算　　　法定的最低基準，
　　　　　　　　　　　　　以 $Q_{un} = D_s F_{es} Q_{ud}$ 計算

塑性變形能力較大的純構架，其D_s較小；難以變形、堅硬的承重牆構架或壁式結構，D_s比較大。

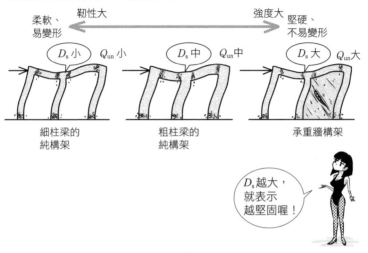

柔軟、易變形　　韌性大　　　　　　　　　強度大　　堅硬、不易變形

D_s小　Q_{un}小　　　D_s中　Q_{un}中　　　D_s大　Q_{un}大

細柱梁的純構架　　　粗柱梁的純構架　　　承重牆構架

D_s越大，就表示越堅固喔！

求得D_s的方式（國告）是將柱梁牆的各構材，依變形難易（韌性）的程度分成A～D級，接著將聚集在該構材的構材群分等級，以承重牆所分擔的水平承載力的比β_u和構材群的等級來決定D_s值。

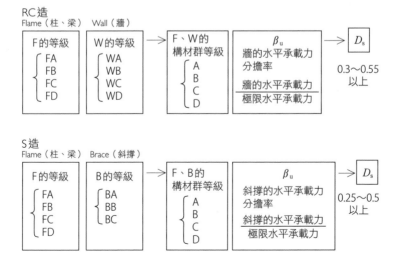

RC造
Flame（柱、梁）　　Wall（牆）

F的等級
FA
FB
FC
FD

W的等級
WA
WB
WC
WD

F、W的構材群等級
A
B
C
D

β_u
牆的水平承載力分擔率

牆的水平承載力 / 極限水平承載力

D_s
0.3～0.55以上

S造
Flame（柱、梁）　　Brace（斜撐）

F的等級
FA
FB
FC
FD

B的等級
BA
BB
BC

F、B的構材群等級
A
B
C
D

β_u
斜撐的水平承載力分擔率

斜撐的水平承載力 / 極限水平承載力

D_s
0.25～0.5以上

4

極限水平承載力

Q 1. 建築物的地上部分，作用在某層的地震層剪力，是以該層的總重量，乘上該層的地震層剪力係數 C_i 計算而得。

2. 地震地域係數 Z 為 1.0，振動特性係數 R_t 為 0.9，標準剪力係數 C_0 為 0.2 的情況下，地上部分的最下層，其 1 次設計用的地震層剪力係數 C_i 是 0.18。

....

A 第 i 層的層剪力公式為 $Q_i = C_i \times W_i$，要注意 W_i 是第 i 層以上的總重量，而不是只有第 i 層的重量（**1** 為×）。C_i 的分布係數 A_i 是越往上層就越大，最下層的 $A_i = 1$。因此問題 2 的 $A_i = 1$，故 $C_i = Z \times R_t \times A_i \times C_0 = 1 \times 0.9 \times 1 \times 0.2 = 0.18$（**2** 為○）。

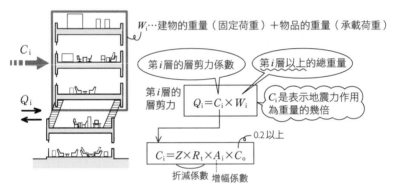

W_i…建物的重量（固定荷重）＋物品的重量（承載荷重）

第 i 層的層剪力係數　　第 i 層以上的總重量

第 i 層的層剪力　　$Q_i = C_i \times W_i$　　C_i 是表示地震力作用為重量的幾倍

$C_i = Z \times R_t \times A_i \times C_0$　　0.2以上

折減係數　增幅係數

Z ：地域係數…依地區為 0.7～1
R_t ：振動特性係數…週期 T 越長就越小
A_i ：C_i 的分布係數…越下層越小，最下層為 1
C_0 ：標準剪力係數…1 次設計為 0.2 以上

A_i 的 A 是 amplification（增幅）的意思。
也有音響擴音器之意。
越上層的揮鞭子效果，會使加速度增幅。

$C_i \times$ 頭的重量　→
＝
作用在脖子的剪力

C_i 是表示作用力為重量的幾倍啊

有關 R_t、A_i，請參閱《圖解建築結構入門》。

....

答案 ▶ 1. ×　2. ○

Q 計算建築物地上部分的必要極限水平承載力時，標準剪力係數 C_0 必須在 1.0 以上。

....

A $C_0 = 0.2$ 是指地震加速度約為重力加速度 G 的 0.2 倍，也就是 $0.2G$，$C_0 =$ 1.0 就表示地震加速度約為 $1.0G$。$0.2G$ 的加速度表示重量是 0.2 倍，因此 $1G$ 就表示橫向有整個重量的力在作用。C_0 會乘上 Z、R_t、A_i 加以調整。1 次設計的應力計算，會以 $0.2G$ 以上求出層剪力 Q_i；2 次設計的必要極限水平承載力 Q_{un} 的計算，要使用 $1.0G$ 以上（答案為○）。

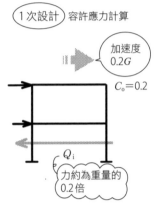

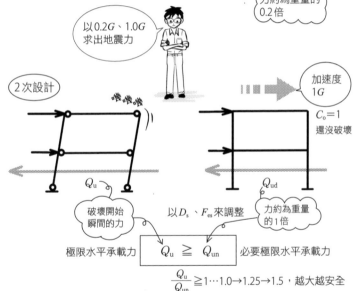

$$\frac{Q_u}{Q_{un}} \geqq 1 \cdots 1.0 \rightarrow 1.25 \rightarrow 1.5，越大越安全$$

┌─ Point ─────────────────────────────
│ **應力計算… $C_0 \geqq 0.2$　必要極限水平承載力計算… $C_0 \geqq 1$**
│ （加速度 $\geqq 0.2G$）　　　　　　　　　　　（加速度 $\geqq 1G$）
└──────────────────────────────────

....

地震力是如何作用在構架上的，在此做個總整理吧。Q_i是作用在
各層的層剪力（該層以上的水平力P_i的總和），由作用在各層的力
P_i可以計算出Q_i。

① 1次設計
　　力作用在構架上，
　　計算各部的內力、應力。

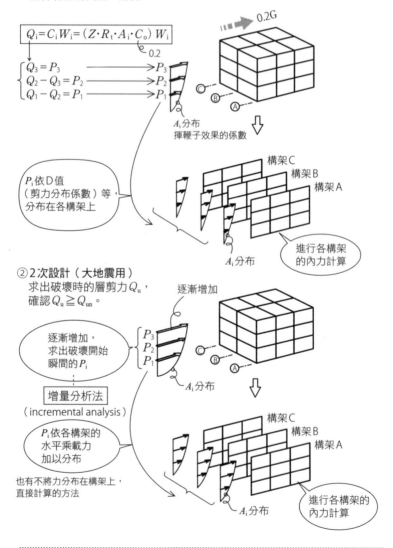

$$Q_i = C_i W_i = (Z \cdot R_t \cdot A_i \cdot C_o) \, W_i$$

$$\begin{cases} Q_3 = P_3 \\ Q_2 - Q_3 = P_2 \\ Q_1 - Q_2 = P_1 \end{cases}$$

0.2

0.2G

$\longrightarrow P_3$
$\longrightarrow P_2$
$\longrightarrow P_1$

A_i分布
揮鞭子效果的係數

P_i依D值
（剪力分布係數）等，
分布在各構架上

構架C
構架B
構架A

A_i分布

進行各構架
的內力計算

② 2次設計（大地震用）
　　求出破壞時的層剪力Q_u，
　　確認$Q_u \geqq Q_{un}$。

逐漸增加

逐漸增加，
求出破壞開始
瞬間的P_i

$\begin{cases} P_3 \\ P_2 \\ P_1 \end{cases}$

A_i分布

增量分析法
（incremental analysis）

P_i依各構架的
水平乘載力
加以分布

也有不將力分布在構架上，
直接計算的方法

構架C
構架B
構架A

A_i分布

進行各構架的
內力計算

Q 建築物的耐震安全性，在耐震強度非常大的情況下，不必太期待韌性有多好。

A 下圖是將荷重 P 和變形 δ 理想化的圖示。承重牆（S造為斜撐）較多的建物，強度較大，就像下方左側的圖。<u>若為牆剪力破壞先發生的類型，不會有韌性變形的情況發生</u>（答案為○）。至於高層的構架等，則為<u>整體破壞機構</u>，具有柔韌度的韌性型破壞。地震能量會成為使構架變形的能量，被構架吸收。當變形<u>能量相等時</u>，可判斷出其耐震性也相同。

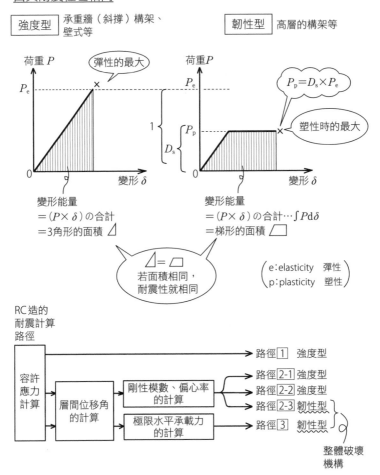

右側邊標：**4** 極限水平承載力

Q 鋼骨鋼筋混凝土結構和鋼筋混凝土結構，兩者的結構特性係數 D_s 最小值是相同的。

A 依RC、SRC、S的順序，韌性越大，越柔軟，D_s 就越小。D_s 的值除了結構類型的不同，還可從柱梁的等級（FA～FD）、牆（斜撐）的等級（WA～WD、BA～BC）、構材群的等級（A～D）、牆（斜撐）的水平承載力分擔率 β_u 來求得。越堅硬，D_s 越大；越柔軟，D_s 越小。D_s 的最小值，RC為0.3，SRC、S則為0.25（答案為×）。

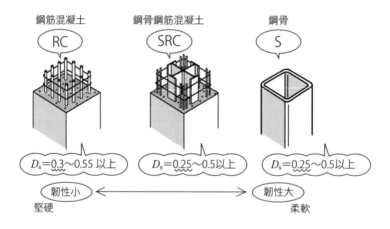

鋼筋混凝土　　　鋼骨鋼筋混凝土　　　鋼骨

RC　　　　SRC　　　　S

D_s＝0.3～0.55 以上　D_s＝0.25～0.5以上　D_s＝0.25～0.5以上

韌性小　⟸　　　　　　　　　⟹　韌性大
堅硬　　　　　　　　　　　　　　柔軟

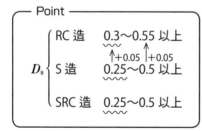

┌─ Point ──────────────────┐

　　　　┌ RC 造　0.3～0.55 以上
　　　　│　　　　　↑+0.05 ↑+0.05
D_s ┤ S 造　0.25～0.5 以上
　　　　│
　　　　└ SRC 造　0.25～0.5 以上

└──────────────────────────┘

Q 鋼骨造純構架結構的耐震設計,所需的結構特性係數 D_s 為 0.25,若為 0.30,就要檢討極限水平承載力。

A S 造純構架的塑性變形能力佳,D_s 的最低值為 0.25。以 $D_s × F_{es} ×$ Q_{ud} 可以計算出法定的必要極限水平承載力 Q_{un}。此時的 D_s 為 0.25,若以 0.30 計算,Q_{un} 就會變大,此時的構架水平承載力 Q_u 必須設計得比較大。因此成為保守側的設計(答案為○)。

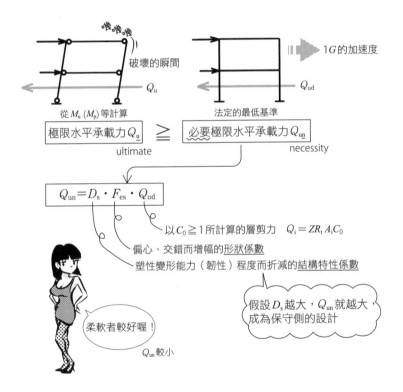

Point

D_s 大(堅硬)→ Q_{un} 大 → Q_u 必須設計得比較大

D_s 小(柔軟)→ Q_{un} 小 → Q_u 可以設計得較小

答案 ▶ ○

Q 1. 若為剛接構架和承重牆併用的鋼筋混凝土造，其柱、梁、承重牆的構材群種類都相同時，承重牆的水平承載力之和與極限水平承載力的比 β_u，相較於 0.2，在 0.7 的情況下，結構特性係數 D_s 會比較小。

　2. 檢討鋼骨造的必要極限水平承載力時，某層佔有的極限水平承載力比例為 50% 且有配置斜撐，比起沒有斜撐的純構架，其結構特性係數 D_s 比較小。

A 問題 1 為<u>承重牆構架</u>，問題 2 為<u>斜撐構架</u>。β_u 是承重牆（斜撐）的<u>水平力分擔率</u>，表示在某層的水平力中，承重牆（斜撐）所分擔的比率。由柱梁構架的等級、承重牆（斜撐）的等級可以得到構材群的等級，再以構材群的等級和 β_u 求出 D_s。依韌性折減的係數 D_s，受到承重牆（斜撐）堅硬程度的影響相當大。

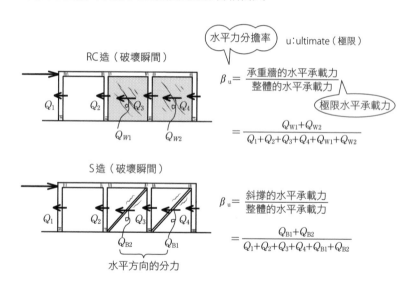

<u>β_u 越大</u>，表示承重牆（斜撐）的負擔越大，柔軟性越差，為堅硬且韌性低的結構體。因此 D_s 比較大（**1、2 為 ╳**）。

Point
> β_u 大 → 牆、斜撐多且堅硬 → D_s 大

答案 ▶ 1. ╳　2. ╳

Q 鋼筋混凝土結構設計中，為了有較大的極限水平承載力，會設置許多承重牆，因此必要極限水平承載力也會跟著變大。

A 承載力是強度、不易破壞的程度，水平承載力是表示結構物某層有多少強度在抵抗水平力，即最大層剪力。結構物某層所有的最大層剪力就是極限水平承載力 Q_u。地震水平力為 Q_u 時，柱梁端部成為塑性鉸，以相同的水平力 Q_u 旋轉，吸收地震的能量，藉以防止或延遲傾倒。牆或斜撐較多時，傾倒開始的最大層剪力、極限水平承載力就越大。

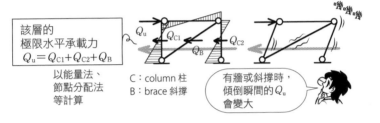

該層的
極限水平承載力
$Q_u = Q_{C1} + Q_{C2} + Q_B$

以能量法、
節點分配法
等計算

C：column 柱
B：brace 斜撐

有牆或斜撐時，
傾倒瞬間的 Q_u
會變大

計算可得極限水平承載力 Q_u，另外還有必須在一定基準以上，依日本基準法訂定的必要極限水平承載力 Q_{un}。由計算式 $Q_{un} = D_s \times F_{es} \times Q_{ud}$ 可得。

$$
\begin{array}{l}
\text{極限水平承載力 } Q_u \geqq \text{ 必要極限水平承載力 } Q_{un} \\
\qquad\qquad\qquad\qquad\quad = D_s \cdot F_{es} \cdot Q_{ud}
\end{array}
$$

$\begin{pmatrix} D_s &：結構特性係數…折減係數 \\ F_{es} &：形狀係數…增幅係數 \\ Q_{ud} &：以 C_0 = 1.0 \text{ 所計算的層剪力} \end{pmatrix}$

D_s 的值會隨著變形能力越高而越小，變形能力越低而越大。結構體柔軟且富有韌性就會有越小的折減率，因此 Q_{un} 越小。承重牆越多就越堅固，D_s 越大，必要極限水平承載力也越大。求 D_s 的值時，除了柱、梁、牆、斜撐的韌性等級之外，還要求出牆、斜撐的水平承載力分擔率 β_u。牆或斜撐增加時，β_u 就越大，最後會變成韌性折減率 D_s 也跟著變大。越堅固表示能量吸收得越少，水平承載力必須越大（答案為○）。

答案 ▶ ○

4
極限水平承載力

Q 「彎（撓）曲降伏型的柱‧梁構材」和「剪力破壞型的承重牆」所構成的鋼筋混凝土結構的建築物，其極限水平承載力是以各自的極限強度所求得的水平剪力之和。

....

A 只有柱梁的純構架，在大變形下彎（撓）曲降伏，形成塑性鉸，於韌性狀態下逐漸產生傾倒破壞。另一方面，些許的變形會讓承重牆因剪力破壞而一口氣破壞。

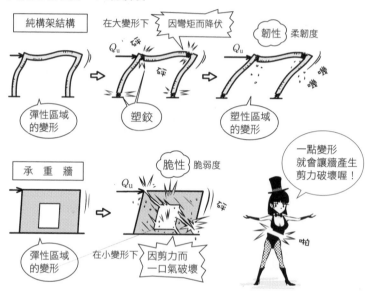

純構架結構　在大變形下　因彎矩而降伏　韌性 柔韌度

Q_u　Q_u

彈性區域的變形　塑鉸　塑性區域的變形

承重牆　脆性 脆弱度

Q_u

一點變形就會讓牆產生剪力破壞喔！

彈性區域的變形　在小變形下　因剪力而一口氣破壞

有承重牆的構架，在柱梁彎（撓）曲降伏之前，承重牆會先因剪力而破壞，屬於剪力破壞先行類型。由於不是同時破壞，因此計算整體Q_u（最終的水平力＝極限水平承載力）時，並不是純構架的Q_u和承重牆的Q_u相加（答案為×）。

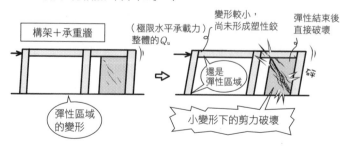

構架＋承重牆　（極限水平承載力）整體的Q_u　變形較小，尚未形成塑性鉸　彈性結束後直接破壞

還是彈性區域

彈性區域的變形　小變形下的剪力破壞

整理一下承重牆構架的水平力 Q 和變形的關係。中高層不會先產生剪力破壞（脆性破壞），會旋轉產生彎（撓）曲降伏，產生塑鉸時也不會如下圖所示。

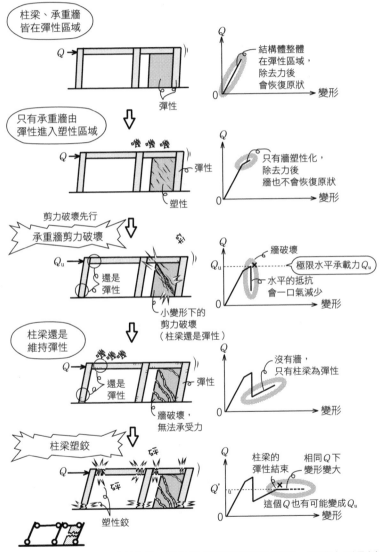

- 為了容易了解，以上是用 1 層的承重牆構架來做說明，實際上則是以超過 31m 的情況計算極限水平承載力。

答案 ▶ ✕

Q 計算各層的極限水平承載力以確認安全時，偏心率若超過一定的限度，或剛性模數降至一定限度以下，必要極限水平承載力會變大。

A 平面方向、高度方向的勁度、強度平衡不佳時，容易因扭轉或變形集中於弱層而破壞。考量因形狀平衡不佳所造成的必要極限水平承載力增加，形狀係數 F_{es} 就此產生（答案為○）。阪神淡路大地震（1995）時，發生許多底層架空結構的破壞，F_{es} 因而修正。

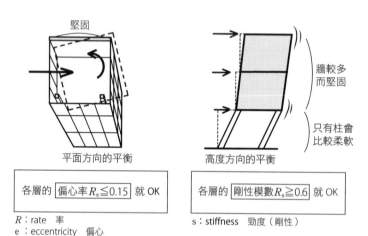

堅固

平面方向的平衡

高度方向的平衡

牆較多而堅固

只有柱會比較柔軟

各層的 偏心率 $R_e \leq 0.15$ 就 OK

各層的 剛性模數 $R_s \geq 0.6$ 就 OK

R：rate 率
e：eccentricity 偏心

s：stiffness 勁度（剛性）

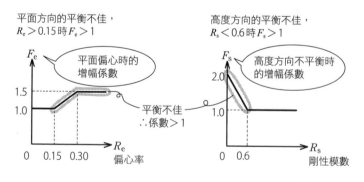

平面方向的平衡不佳，$R_e > 0.15$ 時 $F_e > 1$

高度方向的平衡不佳，$R_s < 0.6$ 時 $F_s > 1$

F_e

平面偏心時的增幅係數

1.5
1.0

平衡不佳
∴係數＞1

0　0.15　0.30　R_e
偏心率

F_s

高度方向不平衡時的增幅係數

2.0

1.0

0　0.6　R_s
剛性模數

F：form

平面方向的平衡是偏心率 R_e，高度方向的平衡則是剛性模數 R_s。各自的增幅係數為 F_e、F_s，組合起來的乘積就是 F_{es}。

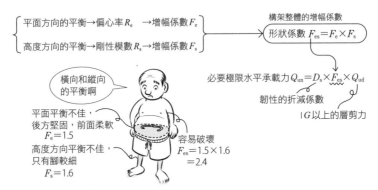

平面方向的平衡→偏心率 R_e →增幅係數 F_e
高度方向的平衡→剛性模數 R_s→增幅係數 F_s

構架整體的增幅係數
形狀係數 $F_{es} = F_e \times F_s$

橫向和縱向的平衡啊

平面平衡不佳，
後方堅固，前面柔軟
$F_e = 1.5$
高度方向平衡不佳，
只有腳較細
$F_s = 1.6$

容易破壞
$F_{es} = 1.5 \times 1.6$
$= 2.4$

必要極限水平承載力 $Q_{un} = D_s \times F_{es} \times Q_{ud}$
韌性的折減係數
$1G$ 以上的層剪力

偏心率 R_e、剛性模數 R_s，可如下圖求得。

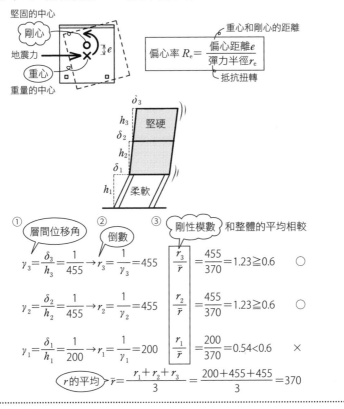

堅固的中心
剛心
地震力
重心
重量的中心

重心和剛心的距離
偏心率 $R_e = \dfrac{\text{偏心距離} e}{\text{彈力半徑} r_e}$
抵抗扭轉

δ_3
h_3 堅硬
δ_2
h_2
δ_1
h_1 柔軟

① 層間位移角 ② 倒數 ③ 剛性模數 和整體的平均相較

$\gamma_3 = \dfrac{\delta_3}{h_3} = \dfrac{1}{455} \rightarrow r_3 = \dfrac{1}{\gamma_3} = 455$ 　$\dfrac{r_3}{\bar{r}} = \dfrac{455}{370} = 1.23 \geqq 0.6$ 　○

$\gamma_2 = \dfrac{\delta_2}{h_2} = \dfrac{1}{455} \rightarrow r_2 = \dfrac{1}{\gamma_2} = 455$ 　$\dfrac{r_2}{\bar{r}} = \dfrac{455}{370} = 1.23 \geqq 0.6$ 　○

$\gamma_1 = \dfrac{\delta_1}{h_1} = \dfrac{1}{200} \rightarrow r_1 = \dfrac{1}{\gamma_1} = 200$ 　$\dfrac{r_1}{\bar{r}} = \dfrac{200}{370} = 0.54 < 0.6$ 　×

r 的平均 $\bar{r} = \dfrac{r_1 + r_2 + r_3}{3} = \dfrac{200 + 455 + 455}{3} = 370$

4
極限水平承載力

答案 ▶ ○

Q 鋼筋混凝土造的耐震計算中
1. 耐震計算路徑②中，進行柱和承重牆的剪力設計檢討，以及剛性模數、偏心率的計算時，省略了高寬比的檢討。
2. 耐震計算路徑③中，對象為柱構材有可能脆性破壞的建築物，必須在該柱構材發生破壞的時刻，計算該層的極限水平承載力。

A 31m以下的建物，一般走路徑②都OK，當高寬比H/D超過4，為細長形建物時，必須走路徑③來計算極限水平承載力。因此路徑②一定要先確認高寬比（**1**為×）。

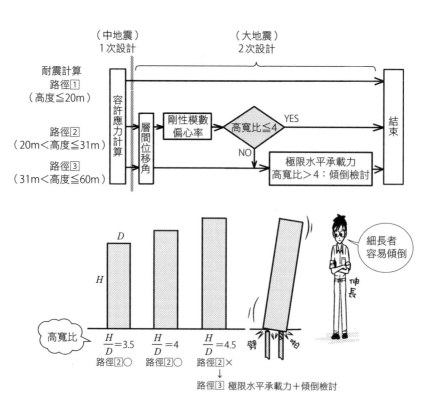

路徑①〜③，若為RC造，會再分成如下圖所示（技術基準要點）。

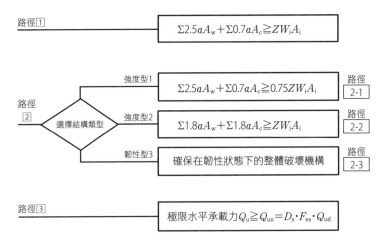

低層的極限剪力公式，是由地震災害的調查得來，為極限水平承載力的概算式。路徑①〜2-2是由剪力強度抵抗地震力。

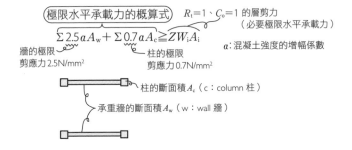

剪力破壞或軸力破壞等的脆性破壞（沒有柔韌度，一口氣破壞），比彎（撓）曲破壞（梁端部、柱腳產生旋轉在韌性狀態下破壞）先發生的情況下，當脆性破壞形成破壞機構時，要計算極限水平承載力（**2**為○）。整體破壞、局部破壞、部分破壞（本題的情況），都是以最小的 Q_u 為極限水平承載力。為了避免產生局部破壞、部分破壞，要針對各部分的承載力加以設計。

答案 ▶ 1. ✕　2. ○

與本書相關的耐震規定和地震災害的歷史，簡單整理如下。

1868（明治 1） 許多技術人員從國外來到日本。導入磚造結構。
「明治的紅磚建築」。當時比起耐震，更重視不可燃性。

砌體結構
堆砌而成

讓接縫互相交錯，不易破壞

英式堆砌

1891（明治 24） 濃尾地震　磚造造成許多災害→之後用鋼骨補強。

1901（明治 34）～ 20世紀初，日本導入S造、RC造。

1906（明治 39） 舊金山大地震　建築家中村達太郎和佐野利器前往勘查。

1919（大正 8） 日本市街地建築物法　高度不得超過100尺（31m）。當時沒有耐震規定。

1923（大正 12） 關東大地震　死亡、失蹤者約十四萬人。

1924（大正 13） 自關東大地震的災害後，日本獨步全球，在市街地建築物法中規定了水平震度 $k \geq 0.1$。水平震度 k 是將加速度作用以重力加速度 G（9.8m/s²）的倍數表示的值，力作用以重量倍數表示的值。不同於日本氣象廳所發布的震度階。

關東大地震

力為重量的0.1倍

有0.1倍 G 的加速度在作用

0.3G的加速度 → 容許應力的安全率3
∴0.1G的加速度

水平震度 $k \geq 0.1$ 的規定

1933（昭和 8） 三陸沖地震　武藤清提出D值法（橫向力分布係數法）。

1940（昭和 15） 美國帝國谷（Imperial Valley）地震　成功以EL Centro（地名）登錄地震波的名稱。

1950（昭和 25） 日本制定建築基準法　導入長期（常時）和短期（非常時）的考量。短期容許應力為長期的2倍。與之配合的水平震度也是2倍，$k \geq 0.2$。

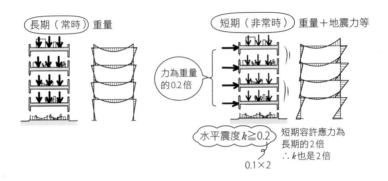

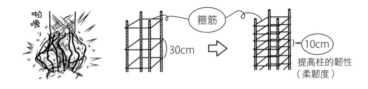

水平震度 $k \geqq 0.2$　短期容許應力為
長期的2倍
0.1×2　∴ k 也是2倍

| 1963（昭和38） | 廢止100尺（31m）的高度限制→147m的霞關大廈（1968）。 |

| 1964（昭和39） | 新潟地震　建物因液狀化而傾倒。 |

| 1968（昭和43） | 十勝沖地震　RC損壞。因應對策為箍筋間隔從30cm變成10cm（1971）。 |

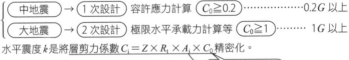

箍筋

30cm　10cm
提高柱的韌性
（柔韌度）

| 1981（昭和56） | 日本修正建築基準法　新耐震設計法（新耐震）。 |

中地震 → 1次設計　容許應力計算　$C_0 \geqq 0.2$ ⋯⋯⋯⋯ $0.2G$ 以上

大地震 → 2次設計　極限水平承載力計算等　$C_0 \geqq 1$ ⋯⋯ $1G$ 以上

水平震度 k 是將層剪力係數 $C_i = Z \times R_t \times A_i \times C_0$ 精密化。

| 1995（平成7） | 阪神淡路大地震 |

發生許多底層架空結構的災害，
修正形狀係數 F_{es}（1995）。

$\geqq 0.2$，和 k 相同

A_i 分布

由於揮鞭子效果，
越上層就越大

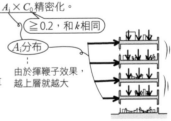

| 2000（平成12） | 日本導入臨界承載力計算 |

地震加速度可由反應週期和反應加速度
的關係（反應譜）求得。

• 新耐震的成立過程，參見石山祐二著《耐震規定和結構動力學》（耐震
規定と構造動力学，三和書籍，2008）。

4

極限水平承載力

Q 1. 柱承受軸壓力時，鋼筋的壓應力會因混凝土的潛變而慢慢減少。

　　2. 鋼筋混凝土結構的梁，就算增加壓力側的鋼筋量，也會因為潛變
　　　而沒有減少撓度的效果。

....

A 潛變（creep）是指在力量長時間持續作用下，應變持續增加的情
　　況。<u>鋼幾乎沒有潛變變形，混凝土則有潛變變形</u>。柱承受長時間的
　　壓應力作用時，柱的混凝土會縮短，鋼筋則是沒有改變。鋼筋會抵
　　抗潛變的收縮，使鋼筋的壓應力增加（**1**為×）。

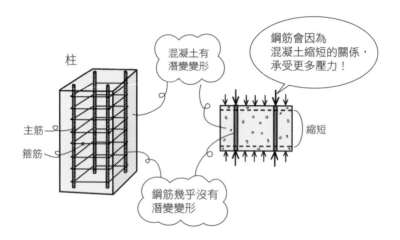

梁的壓力側要抵抗鋼筋和混凝土兩者的縮短量。若是增加鋼筋量，
作用在混凝土的壓力減少，可以減輕混凝土的潛變變形（**2**為×）。

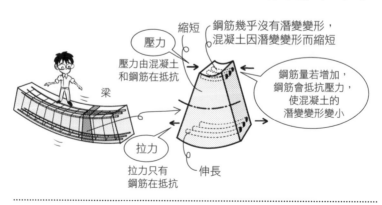

....

答案 ▶ 1. ×　　2. ×

Q 鋼筋混凝土結構中
　　1. 鋼筋的混凝土保護層厚度，要考慮鋼筋的耐火披覆、混凝土的中
　　　　性化速度、主筋的內力傳導機構等來決定。
　　2. 進行容許應力設計時，在壓力作用部分，鋼筋的混凝土保護層也
　　　　會負擔壓力。

....

A 覆蓋在鋼筋外側的混凝土厚度為<u>保護層</u>。若保護層小而薄，會導致
　　剝離或龜裂。另外，二氧化碳會造成從表面開始的中性化，鋼筋會
　　生鏽而膨脹，混凝土容易爆裂。若鋼筋和混凝土沒有一體化，鋼筋
　　無法抵抗火災的熱，預拌混凝土的礫石也容易卡住等等，會產生許
　　多問題。保護層的混凝土也會負擔壓力（**1**、**2**為○）。但當保護層
　　厚度過大，在彎曲變形下，鋼筋距離邊緣太遠，也會失去鋼筋的抗
　　拉效果。

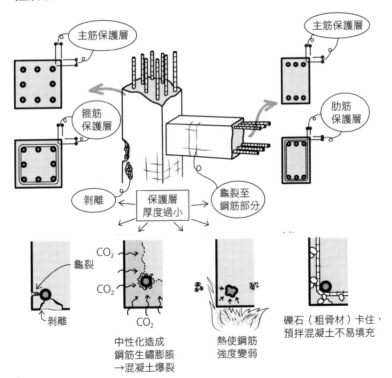

....

答案 ▶ 1. ○　　**2.** ○

Q 鋼筋混凝土結構中

1. 為了防止柱的握裹力劈裂破壞，柱斷面的角隅部分不能使用粗鋼筋進行配筋設計。

2. 為了避免因柱構材脆性破壞所造成的握裹力劈裂破壞，斷面角隅部分要使用細鋼筋進行配置。

....

A 在柱的角落部分，鋼筋四周的混凝土較薄，較容易開裂。粗鋼筋受到上下的拉力、壓力作用時，和混凝土的接觸面容易滑動而破壞。由於是和混凝土黏著的部分產生裂縫開裂等破壞，稱為<u>握裹力劈裂破壞</u>（bond split failure）。因小變形而一口氣破壞者，為脆性破壞。<u>脆性</u>表示沒有柔韌度，是和韌性相反的性質。梁端部旋轉而破壞者，在旋轉時會吸收能量，為韌性狀態下的破壞；握裹力劈裂破壞或剪力破壞則是沒有柔韌度，為馬上破壞的脆性破壞。

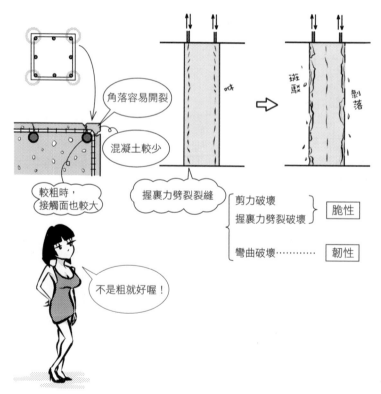

角落容易開裂

混凝土較少

較粗時，接觸面也較大

握裹力劈裂裂縫

剪力破壞
握裹力劈裂破壞 } 脆性

彎曲破壞 ……… 韌性

不是粗就好喔！

答案 ▶ 1. ○　2. ○

Q 鋼筋混凝土結構中
1. 高度 5m 的建築物，柱主筋若是使用竹節鋼筋，其末端部分全部都可用直線錨定。
2. 柱的凸角部分若是使用竹節鋼筋，鋼筋的端部可以不用設置彎鉤。

A 原則上鋼筋末端都會設置彎鉤。這是為了讓混凝土確實地錨定，使之握裹不易拔除，也不會移動。不過若是使用鋼筋表面附有凹凸的竹節鋼筋，原本就不易拔除並產生移動，因此在某些情況下不設置彎鉤也 OK。一定要使用彎鉤的例外就是柱梁的角隅部分（凸角部分）。這是由於鋼筋四周的混凝土較少，容易滑動而產生握裹力劈裂破壞的緣故（基準法，**1**、**2** 為✕）。

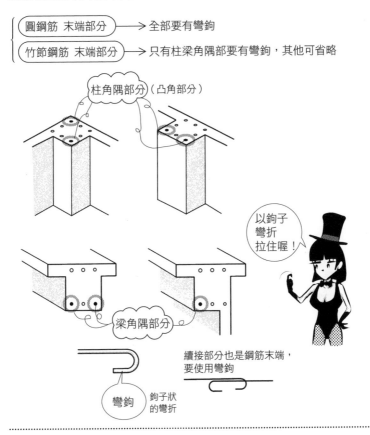

圓鋼筋　末端部分 ⟶ 全部要有彎鉤

竹節鋼筋　末端部分 ⟶ 只有柱梁角隅部要有彎鉤，其他可省略

柱角隅部分（凸角部分）

以鉤子彎折拉住喔！

梁角隅部分

續接部分也是鋼筋末端，要使用彎鉤

彎鉤　鉤子狀的彎折

5

RC造的柱

答案 ▶ 1. ✕　　**2.** ✕

Q 鋼筋混凝土結構中

1. 作用在柱的軸方向壓力越大時，剪承載力就越大，韌性會下降。
2. 混凝土的抗壓較強，抗拉較弱，承受較大軸壓力的柱，其韌性較高。

………………………………………………………………………………

A 彎矩 M 越大時，在相同極限彎矩 M_u 下會持續變形，為柔韌狀態下直至破壞的<u>韌性破壞</u>。另一方面，剪力 Q 越來越大，直至極限剪力（剪承載力）Q_u 時，小變形就會馬上破壞，為<u>脆性破壞</u>。

$$\begin{cases} M_u \text{ 的彎曲破壞} \rightarrow \boxed{\text{韌性破壞}} \\ Q_u \text{ 的剪力破壞} \rightarrow \boxed{\text{脆性破壞}} \end{cases}$$

柱的軸力 N 越大，越難變形，最大 Q 也會越大。<u>壓縮時會產生摩擦的效果，因此不易產生橫向變形。不過一旦開始變形，就會馬上達到破壞。上下的壓力越強，越沒有柔韌度，小變形就會造成破壞</u>（**1** 為○，**2** 為×）。要注意1樓的柱會有較大的 N 和 Q 作用，容易發生剪力破壞。

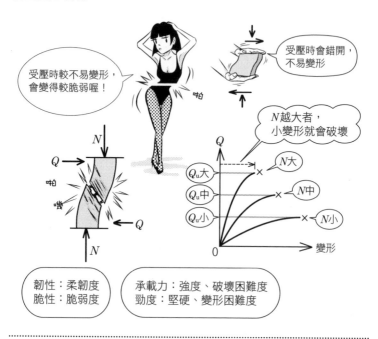

受壓時較不易變形，會變得較脆弱喔！

受壓時會錯開，不易變形

N 越大者，小變形就會破壞

韌性：柔韌度
脆性：脆弱度

承載力：強度、破壞困難度
勁度：堅硬、變形困難度

答案 ▶ 1. ○ 2. ×

Q 鋼筋混凝土結構中

1. 混凝土的抗拉較弱，抗壓較強，承受較大軸壓力的柱，在地震時的柔韌度會減少。

2. 地震時，承受較大變動軸力作用的外柱，其彎曲承載力及韌性，會和變動軸力較少且同斷面、同一配筋的內柱相等。

....

A 承受較大軸壓力 N 作用時，由於混凝土內部的摩擦等，不易產生橫向的交錯變形。此時因為剪力 Q 的緣故，會沒有柔韌度，直至產生脆性剪力破壞。柔韌度，也就是韌性，會因為 N 而變小（**1**為○）。

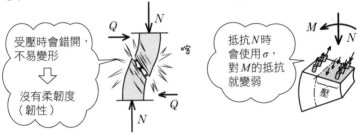

柱的主筋和混凝土，會抵抗軸力 N 和彎矩 M。N 越大時，主筋和混凝土承受的壓應力就越大，對 M 的抵抗則是相對減少。因此當 N 越大時，越容易到達 M 的極限（承載力）。

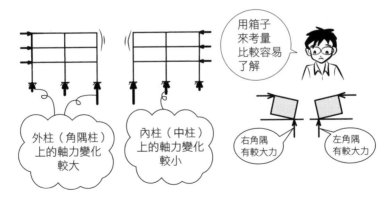

比起內柱，外柱上的 N 變化較大，最大 N 也會越大，在條件相同的情況下，彎曲承載力及韌性會降低（**2**為╳）。

....

答案 ▶ 1. ○　**2.** ╳

Q 鋼筋混凝土結構的柱，淨高越短時，剪力強度就越大，柔韌度越小。

A 柱的淨高（內側－內側的高度尺寸）越小時，橫向交錯破壞的力量強度（剪力強度）就越大，橫向發生小變形就會破壞，沒有柔韌度（韌性）（答案為○）。可以想像成橡膠或蒟蒻等，受到橫向交錯而變形的情況。

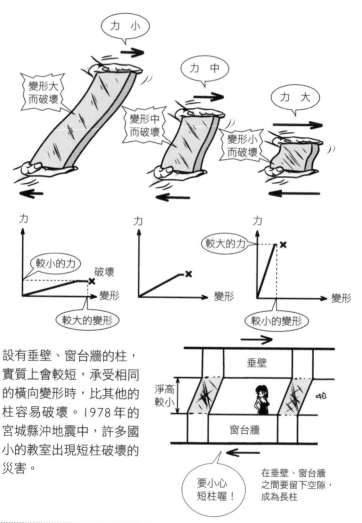

設有垂壁、窗台牆的柱，實質上會較短，承受相同的橫向變形時，比其他的柱容易破壞。1978年的宮城縣沖地震中，許多國小的教室出現短柱破壞的災害。

答案 ▶ ○

Q 鋼筋混凝土結構中

　1. 比起彎曲破壞，粗短的柱在地震時，有時會先發生剪力破壞。

　2. 粗短的柱必須增加彎曲承載力，應多配置主筋。

　3. 為了防止因設置窗台牆，造成柱變為短柱的情況，柱和窗台牆的連接部分，要有足夠的空隙，設置完整的裂縫。

....

A 如下圖，樓板固定，柱頭也完全不能旋轉（假設是剛性樓板），作用在各柱的水平力會和斷面二次矩 I 成正比，和 h^3 成反比。越粗者 I 就越大，越短者 I/h^3 越大，因此要分擔較大的水平力，也容易發生剪力破壞。剪力破壞是因為些許的橫向交錯而產生，彎（撓）曲破壞則是降伏後仍在旋轉而產生（**1** 為 ○）。粗短柱所承受的剪力會越大，但抵抗剪力的不是主筋，而是箍筋（**2** 為 ✕）。

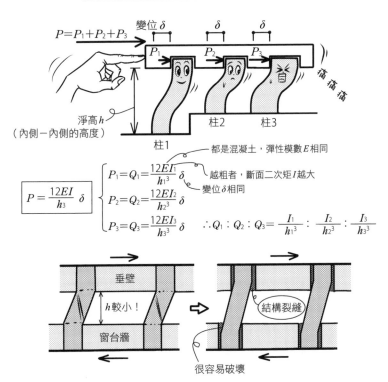

因窗台牆、垂壁而在實質上變短的柱，和牆的接合部分容易破壞，因此要下工夫使柱變長（**3** 為 ○）。

....

答案 ▶ 1. ○　　**2.** ✕　　**3.** ○

5

RC造的柱

Q 鋼筋混凝土結構中

1. 1樓為底層架空時，為了讓地震應力不要集中在1樓，1樓的水平勁度會較小。

2. 和其他樓層相比，勁度、強度較低的樓層，在大地震時會有大變形集中的危險，必須確保該樓層的柱有足夠的強度及韌性。

．．．

A 勁度是表示變形困難度的程度。水平勁度就是水平方向的變形困難度。在某樓（層）有力P作用時，水平方向會產生變形δ，在一定範圍內，P、δ的關係$P = K\delta$（K為定數）都成立。力為2倍時，變形就是2倍，力和變形成正比的公式稱為虎克定律，這在許多情況下都成立。作用在某樓（層）的水平力和變形的關係式$P = K\delta$的比例定數K，稱為水平勁度。K越大表示越難變形、越堅固，K越小就越容易變形，也越柔軟。

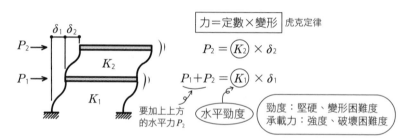

K_1越小，δ_1就越大，容易破壞。由於底層架空的牆較少，K_1就越小，設置粗柱會讓K_1較大（**1** 為×）。為了避免較大δ所產生的破壞，必須設置粗柱，在不增加牆的情況下使K變大（增加柔韌度、韌性）（**2** 為○）。

── Point ──
水平勁度大→$P = K\delta$的K較大→不易變形（δ小）
強度大→N、M、Q的最大較大→不易破壞

附帶一提，斷面彎（撓）曲剛度是彈性模數E×斷面二次矩I，這是表示彎曲困難度的係數。

．．．

答案 ▶ 1. × 2. ○

Q 鋼筋混凝土結構中

1. 寬度300mm、深度600mm的梁，是用D10的肋筋，以200mm的間隔（剪力筋比：0.23%）進行配筋。

2. 寬度300mm、深度600mm、有效深度540mm的梁，拉力鋼筋使用D22的主筋3根（拉力鋼筋比：0.71%）進行配筋。

. . . .

A 肋筋的間隔比箍筋長，D10的竹節鋼筋要在250mm以下，且D/2以下（D：梁深）。剪力筋比p_w和箍筋同樣為0.2%以上（**1**為○）。梁主筋和柱主筋同樣要在D13以上。拉力鋼筋比p_t要在0.4%以上（**2**為○）。要記住0.4%以及p_w的0.2%，還有附筋構架的梁，其主筋量p_g為0.8%（RC規範）。

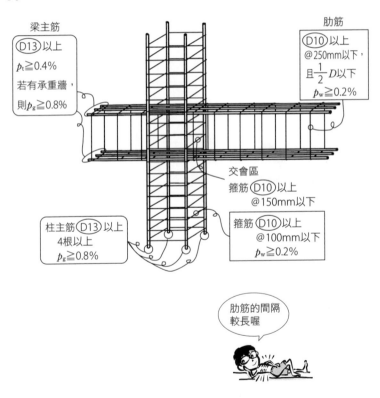

梁主筋
D13以上
$p_t \geqq 0.4\%$
若有承重牆，
則$p_g \geqq 0.8\%$

肋筋
D10以上
@250mm以下，
且$\frac{1}{2}D$以下
$p_w \geqq 0.2\%$

交會區
箍筋 D10以上
@150mm以下

柱主筋 D13以上
4根以上
$p_g \geqq 0.8\%$

箍筋 D10以上
@100mm以下
$p_w \geqq 0.2\%$

肋筋的間隔
較長喔

5

RC造的柱

. . . .

答案▶ 1. ○　**2.** ○

Q 鋼筋混凝土結構中

1. 600mm的正方形柱（主筋為D25），是使用D13的箍筋，以100mm的間隔（剪力筋比：0.42%）進行配筋。

2. 600mm的正方形柱，是使用D25的主筋8根（主筋比：1.1%）進行配筋。

A 箍筋徑為9φ（圓鋼筋），或是D10（竹節鋼筋）以上。使用D10的竹節鋼筋時，間隔要在100mm以下，不過在柱的上下端，即最大柱徑的1.5倍範圍外，可以增加到1.5倍（RC規範）。實際上柱中央的排列也大多是在100mm以下。剪力筋比（箍筋比）p_w必須在0.2%以上（**1**為○）。

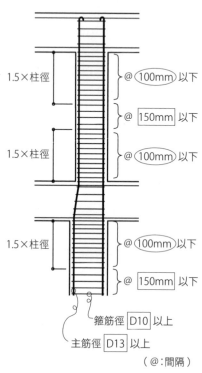

1.5×柱徑　　@ 100mm 以下

@ 150mm 以下

1.5×柱徑　　@ 100mm 以下

1.5×柱徑　　@ 100mm 以下

@ 150mm 以下

箍筋徑 D10 以上

主筋徑 D13 以上

（@：間隔）

一般來說箍筋間隔是10cm！

柱的主筋為D13以上，4根以上，主筋比p_g則是0.8%以上（RC規範，**2**為○）。

答案 ▶ **1.** ○　**2.** ○

Q 鋼筋混凝土結構中

　1. 柱梁接合部內的箍筋間隔要在150mm以下，並且在該接合部鄰
　　接的柱的箍筋間隔的1.5倍以下。

　2. 箍筋以100mm為間隔進行配筋的700mm正方形柱，和寬度
　　300mm、深度600mm的梁相交的柱梁接合部，是用D13的箍筋
　　以100mm的間隔（剪力筋比：0.36%）進行配筋。

....

A 柱梁接合部（交會區）中，會有和柱不同的內力、變形。此時箍筋的重要性不及柱，容許剪力是由柱梁接合的形狀、柱梁的斷面尺寸、混凝土的剪力強度f_s來決定（參見R107）。

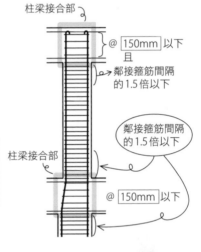

柱梁接合部

@ 150mm 以下
且
鄰接箍筋間隔
的1.5倍以下

鄰接箍筋間隔
的1.5倍以下

柱梁接合部

@ 150mm 以下

┌─── Point ───
│ **柱梁接合部的短期**Q
│ ①接合部的形狀
│ ②斷面尺寸　　　　來決定
│ ③混凝土的f_s
└──────────

（長期荷重下較安全，因此沒有長期Q的公式）

不過若是拔除交會區的箍筋，就無法拘束主筋和混凝土。鋼筋為9ϕ或D10以上，間隔在150mm以下，且在鄰接箍筋間隔的1.5倍以下，剪力筋比和其他箍筋同樣是$p_w \geqq 0.2\%$（RC規範，**1**、**2**為○）。

交會區的箍筋
在150mm以下
OK喔！

....

答案 ▶ 1. ○　　**2.** ○

5

RC造的柱

Q 鋼筋混凝土結構中

1. 柱的箍筋對於剪力補強、內部混凝土的拘束，以及防止主筋挫屈等是有效的。

2. 柱的箍筋除了可以補強剪力之外，藉由間隔密集的排列或是併用繫筋等，可以拘束主筋所包圍的內部混凝土部分，在大地震時達到維持軸力的效果。

3. 柱的箍筋也有抵抗彎曲的效果。

4. 箍筋的效果會依端部的錨定形狀而異。

....

A 箍筋可以補強剪力 Q，但無法抵抗彎曲（**3** 為 ×）。在主筋外側圍繞鋼筋，有防止主筋彎折或挫屈，以及避免鋼筋內部的混凝土外露等效果（**1**、**2** 為 ○）。大地震時若是主筋和箍筋內部的混凝土還有剩餘，就可以支撐重量。

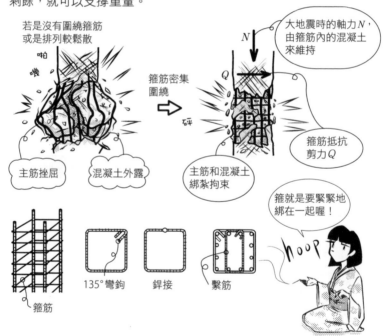

若是沒有圍繞箍筋或是排列較鬆散

大地震時的軸力 N，由箍筋內的混凝土來維持

箍筋密集圍繞

箍筋抵抗剪力 Q

主筋挫屈　混凝土外露　主筋和混凝土綁紮拘束

箍就是要緊緊地綁在一起喔！

hoop

135°彎鉤　　錨接　　繫筋

箍筋

繫筋不是在主筋外圍，而是在柱的內部，作為主筋之間的連接箍筋。和箍筋相同，都是擔任綁紮主筋和混凝土的角色。箍筋的端部若沒有好好錨定，大地震時容易因錯動而造成柱的破壞（**4** 為 ○）。

....

答案 ▶ 1. ○　2. ○　3. ×　4. ○

Q 鋼筋混凝土結構中

　1. 箍筋末端部的彎鉤，要用90°以上的彎折錨定。

　2. 箍筋的末端部，要用135°以上的彎折錨定，或是互相銲接。

　3. 端部有135°彎鉤的箍筋，可以增加柱的韌性，比螺旋筋的效果
　　更好。

....

A 箍筋是圍繞在主筋四周，確實予以錨定的鋼筋。柱破壞的時候，箍
　筋必須牢牢地把主筋和混凝土拘束在一起，防止混凝土外露以及主
　筋挫屈，使之不會一口氣破壞，而是給予柔韌度，保有柱的韌性。
　錨定是指讓鋼筋不易拔除，確實附著的狀態。此時會以彎鉤附掛在
　主筋上，避免從主筋上滑落，箍筋的環可以確實地錨定住。90°彎
　鉤還是會有滑落的危險，必須使用135°以上的彎鉤（配筋指南，**1**
　為×，**2**為○）。

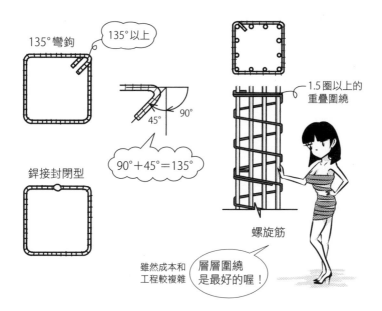

135°彎鉤　　　135°以上

銲接封閉型

90°＋45°＝135°

45°　90°

1.5圈以上的
重疊圍繞

螺旋筋

雖然成本和
工程較複雜

層層圍繞
是最好的喔！

5
RC造的柱

銲接封閉的箍筋和層層圍繞的螺旋筋（螺旋形箍筋），比135°彎鉤
更難產生錯動，柱會有更佳的柔韌度（**3**為×）。

....

答案 ▶ 1. ×　　2. ○　　3. ×

Q 下面關於鋼筋混凝土結構的配筋示意圖，請判斷是否正確。

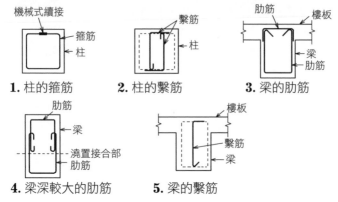

1. 柱的箍筋　　　**2.** 柱的繫筋　　　**3.** 梁的肋筋

4. 梁深較大的肋筋　　　**5.** 梁的繫筋

A 機械式續接是指鋼筋附有螺旋狀的節，和稱為續接器（coupler）的金屬零件拴緊，再注入水泥漿材（grout），使鋼筋之間接合的方法。除了螺旋以外，還有將2根鋼筋重疊，以輪狀的金屬零件圍繞，中央打設楔子固定的續接，或是以金屬零件夾住固定的方式（**1**為○）。

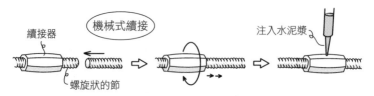

繫筋不可以彎折90°，不過在梁繫筋和樓板同時澆置的情況下可以（配筋指南，**2**為×，**5**為○）。

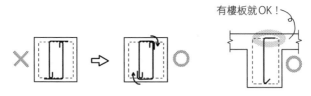

3是從上方加入U字型的肋筋，在有樓板的T型梁都OK（配筋指南，**3**為○）。單邊沒有樓板的L型梁，會在無樓板側設置135°彎鉤。梁深較大的梁，在中途可能需要繫筋作續接，可用90°、135°、180°的彎鉤進行設置（配筋指南，**4**為○）。

答案 ▶ **1.** ○　**2.** ×　**3.** ○　**4.** ○　**5.** ○

Q 鋼筋混凝土結構中

 1. 計算柱斷面的長期容許剪力時，要加上箍筋對混凝土容許剪力的效果。

 2. 柱的短期容許剪力，在箍筋比越大時會越大。

⋯⋯⋯⋯⋯⋯⋯⋯⋯⋯⋯⋯⋯⋯⋯⋯⋯⋯⋯⋯⋯⋯⋯⋯⋯

A 長期內力是「常時作用的重量」在構材內部產生的力，短期內力則是「常時作用的重量＋非常時作用的地震力等」的內力。各自的容許值就是長期容許內力、短期容許內力。

<u>柱的長期容許剪力 Q_{AL} 的公式和梁不同，不必加入箍筋的效果。另外，軸壓力 N 越大時，雖然 Q 的最大值也跟著越大，但也不必計入此效果。</u>這是因為柱的 Q 會設定在保守側（RC規範，**1**為×）。短期的情況和梁相同，要加入箍筋的效果（**2**為○）。箍筋比是（箍筋斷面積）/（混凝土斷面積）。

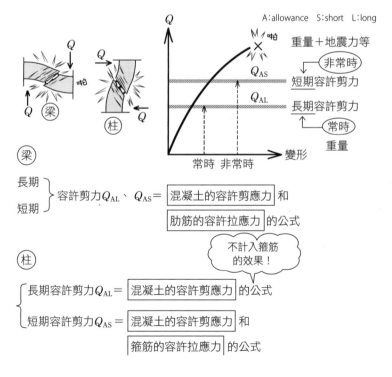

A:allowance　S:short　L:long

答案 ▶ 1. ×　　2. ○

Q 鋼筋混凝土結構中，在純構架部分的柱梁接合部內，當箍筋量增加時，對於提高柱梁接合部的剪力強度有很大的效果。

A 純構架是指沒有剪力牆，只有柱梁的構架。柱梁接合部亦可稱為交會區，由柱和梁兩者承受力的作用，柱梁會有不同的錯動情形。

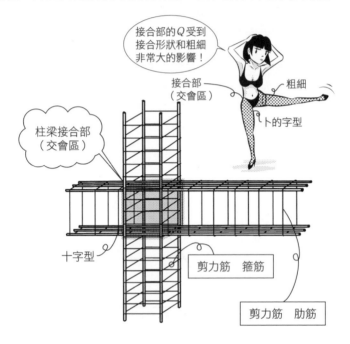

接合部的 Q 受到接合形狀和粗細非常大的影響！

接合部（交會區）

粗細

卜的字型

柱梁接合部（交會區）

十字型

剪力筋　箍筋

剪力筋　肋筋

在接合部中，只要加入箍筋就可以拘束混凝土，不需要加入肋筋。長期荷重（垂直荷重）時，接合部不會有太大的 Q 作用。地震時，橫向 Q 作用所造成的斜向拉力，會和柱一樣以箍筋來抵抗。不過 Q 的最大強度，比起箍筋的影響，接合部是十字型或卜字型等形狀、柱梁的斷面尺寸、混凝土的強度等，才具有較大的作用。接合部的短期容許剪力 Q_{Aj}、短期設計用剪力 Q_{Dj} 的公式中，都沒有箍筋量（答案為×）。

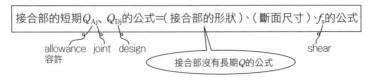

接合部的短期 Q_{Aj}、Q_{Dj} 的公式＝(接合部的形狀)、(斷面尺寸)、f_s 的公式

allowance　joint　design
容許

shear

接合部沒有長期 Q 的公式

答案 ▶ ×

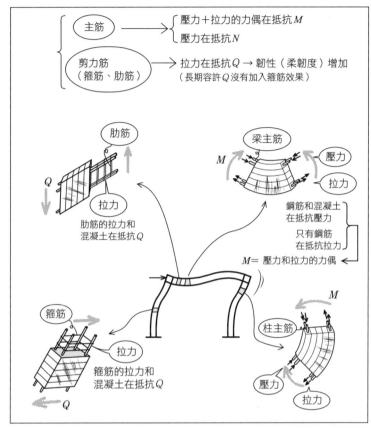

主筋 ──→ 壓力＋拉力的力偶在抵抗 M
　　　　壓力在抵抗 N

剪力筋 ──→ 拉力在抵抗 Q → 韌性（柔韌度）增加
（箍筋、肋筋） 　　（長期容許 Q 沒有加入箍筋效果）

肋筋

Q

拉力

肋筋的拉力和
混凝土在抵抗 Q

梁主筋

M

壓力

拉力

鋼筋和混凝土
在抵抗壓力

只有鋼筋
在抵抗拉力

$M=$ 壓力和拉力的力偶

箍筋

拉力

箍筋的拉力和
混凝土在抵抗 Q

Q

柱主筋

M

壓力

拉力

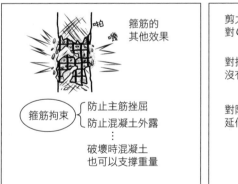

箍筋的
其他效果

箍筋拘束 ── 防止主筋挫屈
　　　　　防止混凝土外露
　　　　　⋮
破壞時混凝土
也可以支撐重量

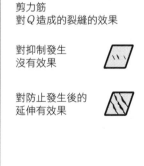

剪力筋
對 Q 造成的裂縫的效果

對抑制發生
沒有效果

對防止發生後的
延伸有效果

5

RC造的柱

Q 配筋如圖所示，請求出柱的箍筋比p_w。

$$\begin{pmatrix} a_w & ：每根箍筋的斷面積 \\ b、D & ：柱的寬度 \\ x & ：箍筋間隔 \end{pmatrix}$$

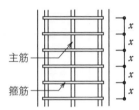

主筋

箍筋

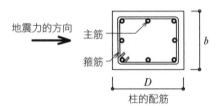

地震力的方向

主筋

箍筋

b

D

柱的配筋

....

A 箍筋比p_w是在混凝土斷面積中，箍筋斷面積的比。計算時不是使用柱整體的混凝土斷面，而是以箍筋間隔的混凝土斷面來計算。

$$箍筋比\,p_w = \frac{1組箍筋的斷面積}{所對應的混凝土斷面積}$$

用以抵抗地震力的箍筋為左右方向，所對應的混凝土面積應為bx，因此 $\underline{p_w = \dfrac{2a_w}{bx}}$ 。

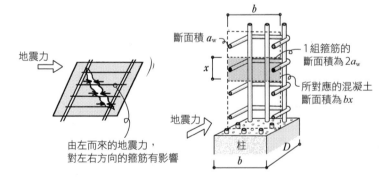

地震力

由左而來的地震力，對左右方向的箍筋有影響

斷面積 a_w

x

b

1組箍筋的
斷面積為$2a_w$

所對應的混凝土
斷面積為bx

地震力

柱

D

b

• 在RC規範中沒有寫出p_w的語源，一般認為P為proportion（比例）或是percentage（％），w為web（腹板）或wall（抵抗剪力）。記號有很多，要好好記下來喔。

....

答案 ▶ $p_w = \dfrac{2a_w}{bx}$

Q 配筋如圖所示，請求出柱的主筋比 p_g 和剪力筋比 p_w。1根 D19、D10 的斷面積分別為 $2.87\,\text{cm}^2$、$0.71\,\text{cm}^2$，p_w 相對於圖示的地震力方向進行計算。

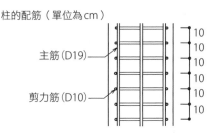

柱的配筋（單位為 cm）

主筋（D19）

剪力筋（D10）

10　10　10　10　10　10

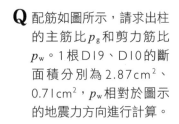

地震力的方向

主筋（D19）

剪力筋（D10）

50

50

....

A 剪力 Q 作用的方向，要注意箍筋、肋筋沒有效果，也有不計算 p_w 的情況。繫筋也一樣。

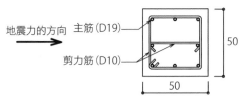

柱

Q

繫筋

Q

繫筋

梁

補強筋

梁不用考慮側向的 Q

腰筋

鋼筋的斷面積÷混凝土的斷面積可求得 p_g、p_w。繫筋對題目中地震力所造成的剪力 Q 有效果，根數要計算進去。

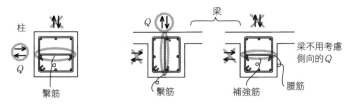

主筋 D19

直徑約 19mm 的竹節鋼筋

箍筋 D10

1 組箍筋的斷面積＝$3 \times 0.71\,\text{cm}^2$

與之對應的混凝土斷面積 bx

斷面積 a_w

x

b

地震力

柱

D

斷面積 a_g

b

繫筋對 Q 有效果

D19為8根

$$p_g = \frac{a_g}{bD} = \frac{8 \times 2.87\,\text{cm}^2}{50\,\text{cm} \times 50\,\text{cm}} \doteqdot \underline{0.92\%}$$

D10為3根

$$p_w = \frac{a_w}{bx} = \frac{3 \times 0.71\,\text{cm}^2}{50\,\text{cm} \times 10\,\text{cm}} \doteqdot \underline{0.43\%}$$

P：proportion（比例）　g：gross（總體）　w：web（腹板）

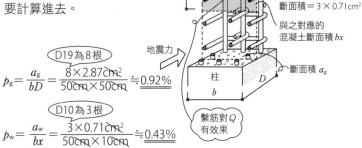

....

答案 ▶ $p_g = 0.92\%$　$p_w = 0.43\%$

5

RC造的柱

Q 鋼筋混凝土結構中

1. 柱的箍筋比為0.2%以上。

2. 梁的肋筋比為0.1%以上。

3. 剪力牆壁板的剪力筋比，在直交方向皆為0.25%以上。

4. 在樓板各方向全區域，鋼筋全斷面積對混凝土全斷面積的比例為0.2%以上。

....

A 以梁的拉力鋼筋比 p_t 的 0.4% 為中心，記住各個鋼筋量吧。鋼筋量是以鋼筋斷面積 a ÷ 結構體斷面積 A 來計算。不是用 $A - a$ 得到混凝土斷面積。拉力鋼筋比 $p_t = \dfrac{a_t}{bd}$ 中的 d，是梁的有效深度，bd 也不是全斷面積，要特別注意。

$p_t \geqq 0.4\%$ 的 2 倍、 1/2 倍喔！

--- Point ---

柱梁的主筋比 ……………… $p_g \geqq 0.8\%$
（梁有剪力牆）

梁的拉力鋼筋比 ………… $p_t \geqq 0.4\%$

箍筋比、肋筋比 ………… $p_w \geqq 0.2\%$
（剪力筋比）

樓板的鋼筋比 …………… $p_g \geqq 0.2\%$

剪力牆的剪力筋比 ……… $p_s \geqq 0.25\%$

梁的 $p_t \geqq 0.4\%$ 或是內力所必需的量× $\dfrac{4}{3}$ 以上

$p_t = a/bd$ 的 d 是有效深度，不是總高

g：gross（總體、t和c組合起來）

t：tension（拉力）

c：compression（壓力）

s：shear（剪力）

w：web（腹板）

a：area（鋼筋的面積）

主筋　$p_g \geqq 0.8\%$

（×2）…t(拉)和c(壓) 作用

梁 $p_t \geqq 0.4\%$

（×$\frac{1}{2}$）… 較細

箍、肋　$p_w \geqq 0.2\%$

樓板　$p_g \geqq 0.2\%$　（+0.05）

剪力牆 $p_s \geqq 0.25\%$　重要

以梁的拉力主筋的 $p_t \geqq 0.4\%$ 為中心，主筋總體有拉力 t 和壓力 c 作用為 2 倍，即 $0.4\% \times 2 = 0.8\%$。剪力筋等是細鋼筋，故為 $0.4\% \times \frac{1}{2} = 0.2\%$。剪力牆是為了耐震而加入，相當重要，+0.05 成為 0.25%，就記下來吧。

....

答案 ▶ 1. ○　2. ×　3. ○　4. ○

Q 斷面如圖1的鋼筋混凝土結構柱，承受彎矩 M 和軸力 N 作用時，當此柱的應變分布如圖2，請求出軸力 N 的值。其他條件如(1)～(7)所示。

　條件
(1) 軸力作用在柱的中心。
(2) 主筋（4-D25）斷面積的和 $\alpha = 2028\text{mm}^2$
(3) 主筋的降伏應力 $\sigma_y = 345\text{N/mm}^2$
(4) 混凝土的壓應力 $\sigma_c = 30\text{N/mm}^2$
(5) 混凝土和主筋的「應力－應變」關係，如圖3的(a)、(b)所示。
(6) 混凝土的極限應變 ε_u，是主筋降伏應變 ε_y 的2倍。
(7) 混凝土只承受壓力，主筋則是同時負擔壓力和拉力。

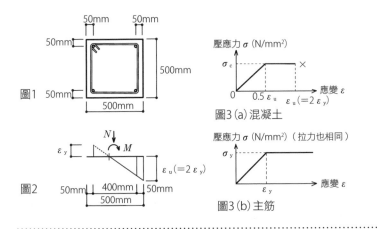

圖1

圖2

圖3(a) 混凝土

圖3(b) 主筋

A ①只有軸力 N 作用的柱，N 會均等作用在斷面上，整體均等地產生壓應變。單以混凝土製成的柱，其壓應力 $_c\sigma_c$ 會均等分散在斷面積 A 上，$_c\sigma_c = \dfrac{N}{A}$。因此 $N = {}_c\sigma_c \cdot A$。

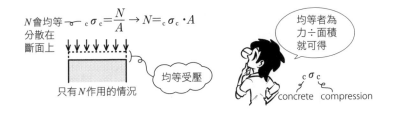

②若為鋼筋混凝土，在相同變形下，鋼筋的壓應力 $_s\sigma_c$ 會比混凝土的壓應力 $_c\sigma_c$ 大。

{(各壓應力)×(各斷面積)}的和，就是壓力 N。

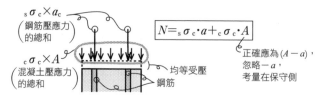

$_s\sigma_c \times a_c$
（鋼筋壓應力的總和）

$_c\sigma_c \times A$
（混凝土壓應力的總和）

均等受壓

鋼筋

$$N =\, _s\sigma_c \cdot a +\, _c\sigma_c \cdot A$$

正確應為 $(A-a)$，忽略 $-a$，考量在保守側

③鋼筋混凝土只有彎矩 M 作用的情況下，右側的壓力是混凝土 $_c\sigma_c$ 和鋼筋 $_s\sigma_c$ 的合計。混凝土越往邊緣的變形就越大，因此越往邊緣的 $_c\sigma_c$ 越大。另一方面，左側的拉力只有鋼筋在抵抗，為 $_s\sigma_t$ 的合計。左邊的拉力 T 和右邊的壓力 C 形成大小相等、方向相反的力（力偶），此力偶的大小等同於 M。

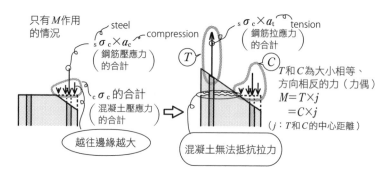

只有 M 作用的情況

steel
$_s\sigma_c \times a_c$
（鋼筋壓應力的合計）
compression

$_c\sigma_c$ 的合計
（混凝土壓應力的合計）

越往邊緣越大

T

$_s\sigma_c \times a_t$　tension
（鋼筋拉應力的合計）

C

T 和 C 為大小相等、方向相反的力（力偶）
$M = T \times j$
$\quad = C \times j$
（j：T 和 C 的中心距離）

混凝土無法抵抗拉力

④N 和 M 同時作用時，右側的混凝土和鋼筋會有 N 和力偶的單邊力作用，左側的鋼筋會有力偶的另一個單邊力作用。由於多出 N 作用，右側的壓力範圍會比較寬廣。

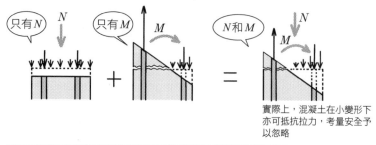

只有 N　　N

只有 M　　M

N 和 M　　N

M

實際上，混凝土在小變形下亦可抵抗拉力，考量安全予以忽略

⑤由表示變形的圖2，使用如下圖的相似三角形的比，求出x、z的長度。

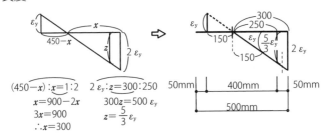

$$(450-x):x=1:2 \qquad 2\varepsilon_y:z=300:250$$
$$x=900-2x \qquad 300z=500\varepsilon_y$$
$$3x=900 \qquad z=\frac{5}{3}\varepsilon_y$$
$$\therefore x=300$$

⑥從變形和$\sigma-\varepsilon$圖可知兩邊的鋼筋都達到降伏，應力為σ_y。混凝土在A點降伏之後都是σ_c，之前則是$0\sim\sigma_c$。

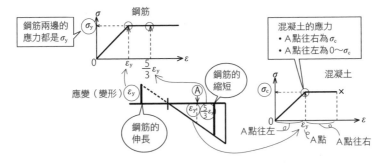

鋼筋兩邊的應力是σ_y

混凝土的應力
・A點往右為σ_c
・A點往左為$0\sim\sigma_c$

鋼筋的縮短

應變（變形）

鋼筋的伸長

A點往左　　A點　A點往右

⑦應變ε和σ對應，求出壓力C、拉力T，由$C-T$求得N。

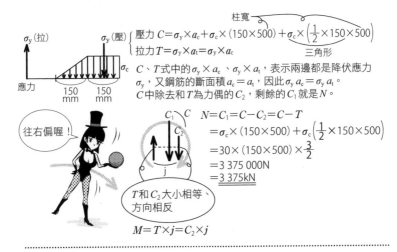

$$\begin{cases} 壓力\ C=\sigma_y\times a_c+\sigma_c\times(150\times500)+\sigma_c\times\left(\frac{1}{2}\times150\times500\right) \\ 拉力\ T=\sigma_y\times a_t=\sigma_y\times a_c \end{cases}$$

柱寬

三角形

C、T式中的$\sigma_y\times a_c$、$\sigma_y\times a_t$，表示兩邊都是降伏應力σ_y，又鋼筋的斷面積$a_c=a_t$，因此$\sigma_y a_c=\sigma_y a_t$。$C$中除去和$T$為力偶的$C_2$，剩餘的$C_1$就是$N$。

往右偏喔！

$$N=C_1=C-C_2=C-T$$
$$=\sigma_c\times(150\times500)+\sigma_c\left(\frac{1}{2}\times150\times500\right)$$
$$=30\times(150\times500)\times\frac{3}{2}$$
$$=3\ 375\ 000N$$
$$=\underline{3\ 375kN}$$

T和C_2大小相等、方向相反

$$M=T\times j=C_2\times j$$

5

RC造的柱

Q 柱的容許彎曲應力，是在「壓縮邊緣達到混凝土的容許壓應力時」、「壓力鋼筋達到容許應力時」以及「拉力鋼筋達到容許應力時」所計算的彎曲應力中，取最小值。

⋯⋯

A <u>梁不受軸力 N 的作用，是以彎矩 M 進行斷面設計。</u>樓板整體承受地震等的水平力作用，可以忽略作用在梁的水平軸力，只考量 M。另一方面，柱一定會受到來自重量方向的軸力 N 作用。常有壓力 N 作用，因此會有垂直荷重造成的 M，以及水平荷重造成的較大 M 作用。所以<u>柱必須考量 N 和 M 兩者來進行斷面設計。</u>

梁→以Ⓜ進行斷面設計⋯⋯⋯由 M 決定斷面形狀、鋼筋量。
柱→以Ⓝ和Ⓜ進行斷面設計⋯由 M 和 N 決定斷面形狀、鋼筋量。

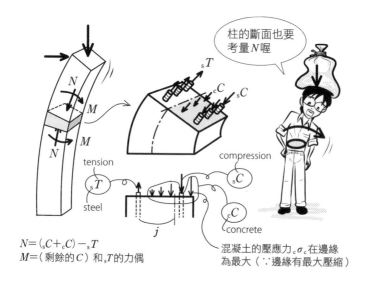

柱的斷面也要考量 N 喔

tension
$_sT$
steel

compression
$_sC$
$_cC$
concrete

j

$N = (_sC + _cC) - _sT$
$M = ($ 剩餘的 $C)$ 和 $_sT$ 的力偶

混凝土的壓應力 $_c\sigma_c$ 在邊緣為最大（∵ 邊緣有最大壓縮）

N 是由混凝土和主筋在抵抗。作用在混凝土的壓應力 $_c\sigma_c$，在壓力側邊緣有最大壓縮，和應變 ε 成正比，$_c\sigma_c$ 在邊緣有最大值。M 是由混凝土和主筋的壓力，以及主筋的拉力所形成的力偶在抵抗。計算容許彎曲應力時，除去抵抗 N 的部分，可由壓力和拉力形成的力偶求得。<u>不管是主筋或混凝土，都必須在材料的容許應力以下。</u>不管是壓力或拉力，也都要在材料的容許應力以下較安全。

⋯⋯

答案 ▶ ○

Q 鋼筋混凝土結構中，在設計地震時彎曲應力會特別增大的柱時，短期軸力（壓力）除以柱的混凝土全斷面積的值，最好在混凝土設計基準強度的 1/3 以下。

A 本題的敘述是 RC 規範中的內容（答案為○）。設計基準強度 F_c，就如文字所述，是作為結構設計基準的混凝土強度，澆置預拌混凝土經過 4 週後，材齡 4 週的強度。壓力的容許應力 f_c，其長期 $f_c = F_c/3$，短期 $f_c = 2F_c/3$。這是表示在長期荷重下，作用在混凝土某部分的壓應力 σ_c，是以 $F_c/3$ 為容許值，地震等的長期和短期荷重同時作用時，則是以 $2F_c/3$ 為容許值。此計算中，除了軸力 N 造成的 σ_c 之外，還要加上彎矩 M 造成的 σ_c 值，再確認是否在容許值以下。

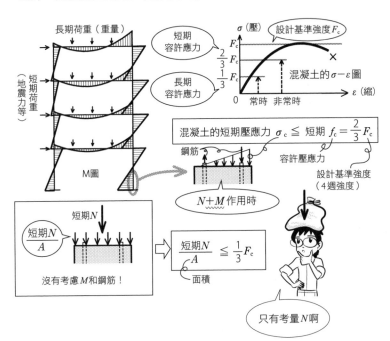

題目的 $\dfrac{\text{短期}N}{A}$ 中，沒有加入 M 造成的 σ_c 或是鋼筋的負擔。這跟一般的容許應力計算不同，是只有短期 N 造成的 σ_c 的容許值。若是滿足 $\dfrac{\text{短期}N}{A} \leqq \dfrac{1}{3}F_c$，就算加上短期 M，在壓力側的混凝土也沒有問題。

5

RC造的柱

答案 ▶ ○

在此總結一下柱梁主筋量 a_t、a_c 的決定順序。

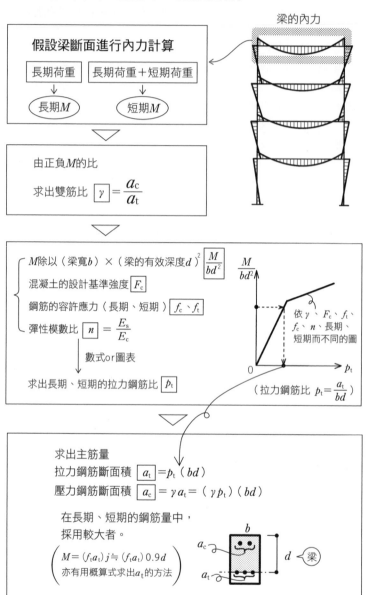

梁的內力

假設梁斷面進行內力計算

長期荷重　　長期荷重＋短期荷重

↓　　　　　↓

長期 M　　　短期 M

由正負 M 的比

求出雙筋比　$\gamma = \dfrac{a_c}{a_t}$

M除以（梁寬b）×（梁的有效深度d）^{2} $\dfrac{M}{bd^2}$

混凝土的設計基準強度 F_c

鋼筋的容許應力（長期、短期） f_c、f_t

彈性模數比 $n = \dfrac{E_s}{E_c}$

數式or圖表

求出長期、短期的拉力鋼筋比 p_t

依 γ、F_c、f_t、f_c、n、長期、短期而不同的圖

（拉力鋼筋比 $p_t = \dfrac{a_t}{bd}$）

求出主筋量

拉力鋼筋斷面積 $a_t = p_t(bd)$

壓力鋼筋斷面積 $a_c = \gamma a_t = (\gamma p_t)(bd)$

在長期、短期的鋼筋量中，
採用較大者。

$\left(\begin{array}{l} M = (f_t a_t)\, j \fallingdotseq (f_t a_t)\, 0.9d \\ 亦有用概算式求出 a_t 的方法 \end{array} \right)$

b　d　梁

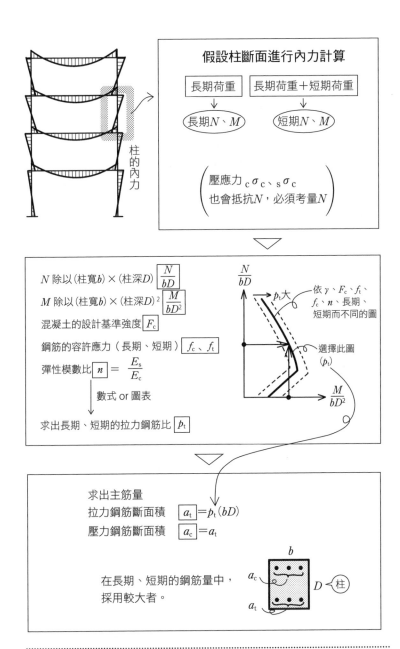

假設柱斷面進行內力計算

長期荷重	長期荷重＋短期荷重
↓	↓
長期N、M	短期N、M

柱的內力

$$\left(\begin{array}{l} 壓應力 \ _c\sigma_c、_s\sigma_c \\ 也會抵抗N，必須考量N \end{array}\right)$$

N 除以（柱寬b）×（柱深D）$\boxed{\dfrac{N}{bD}}$

M 除以（柱寬b）×（柱深D）^{2} $\boxed{\dfrac{M}{bD^2}}$

混凝土的設計基準強度$\boxed{F_c}$

鋼筋的容許應力（長期、短期）$\boxed{f_c、f_t}$

彈性模數比$\boxed{n}=\dfrac{E_s}{E_c}$

數式 or 圖表

求出長期、短期的拉力鋼筋比 $\boxed{p_t}$

$\dfrac{N}{bD}$

p_t大

依 γ、F_c、f_t、f_c、n、長期、短期而不同的圖

選擇此圖（p_t）

$\dfrac{M}{bD^2}$

求出主筋量

拉力鋼筋斷面積 $\boxed{a_t}=p_t(bD)$

壓力鋼筋斷面積 $\boxed{a_c}=a_t$

在長期、短期的鋼筋量中，採用較大者。

b

a_c

D ─ 柱

a_t

Q 如圖的結構物，在條件(1)～(4)的狀態下，請判斷下列的敘述是否
正確。

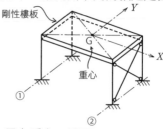

條件
(1)水平的長方形樓板是由4根柱支撐。
(2)全部柱的柱腳為固定支撐，柱頭和樓板
　為剛接合。
(3)全部的柱為相同材料、相同正方形斷
　面、相同長度。
(4)圖的②構面作為水平抵抗的要素，設置
　斜撐。

1. 地震造成的慣性力合力，考量其作用在重心 G 即可。

2. 平面上的剛心位置和重心 G 的位置不同。

3. 在重心 G 只有 X 方向的水平力作用時，各柱的分擔水平力相等。

4. 在重心 G 只有 Y 方向的水平力作用時，圖的構面①和構面②的分
擔水平力不同。

5. 在重心 G 只有 Y 方向的水平力作用時，所有柱頭在 Y 方向的變位
相等。

....

A 樓板在水平方向不會縮
短，樓板的長方形也不會
扭曲（假設為剛性樓
板），柱頭的水平變位相
等，結構計算可以單純
化。以D值法求解水平荷
重時，也是假設為剛性樓
板。此時要將柱頭的梁撓
度考慮進去。慣性力是指
和加速度反向的力，地面
往左移動時，會受到往右
的水平力。力會作用在質
量的中心，大小為質量×
加速度（**1** 為○）。剛心
為堅固的中心，會靠近有

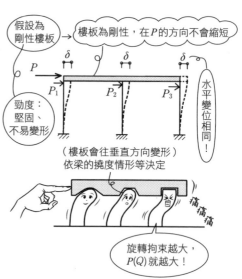

斜撐（壁）的面②（**2** 為○）。斜撐在 X 方向沒有作用，因此 X 方向
的分擔水平力相同（**3** 為○）。斜撐在 Y 方向有效，②的柱的分擔水
平力會不同（**4** 為○）。重心 G 有 Y 方向的力作用，靠近②的剛心四
周會旋轉，因此各柱頭的變位不會相等（**5** 為✕）。

....

答案 ▶ 1. ○　**2.** ○　**3.** ○　**4.** ○　**5.** ✕

Q 鋼筋混凝土結構中
1. 一邊為 4m 的正方形樓板的厚度，是跨距的 1/25。
2. 長度 1.5m 的懸臂樓板的厚度，是懸臂長度的 1/8。
3. 確認建築物使用不會有障礙的情況下，懸臂以外的樓板厚度，會是樓板短邊方向的有效梁間長度的 1/25 且 200mm 以上。

A slab 的原意為板，在建築中是指樓板的意思。懸臂是指單邊突出的結構，即懸臂結構。若為長方形樓板，主要是由短邊方向的樓板在抵抗荷重。一般來說，樓板的厚度都是由短邊方向的跨距來決定。

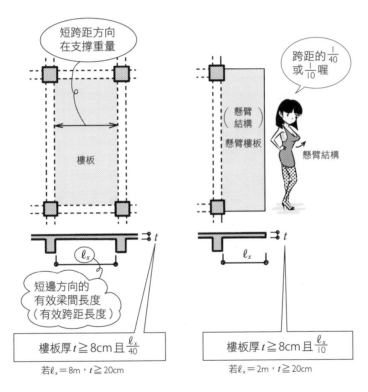

樓板厚 t 如上述，要在 ℓ_x 的 1/40、1/10 以上（告示）。

答案 ▶ 1. ○　2. ○　3. ○

6

RC造的樓板和牆

Q 鋼筋混凝土結構中

1. 樓板在各方向的全範圍中，鋼筋全斷面積相對於混凝土全斷面積的比例為0.2%。

2. 使用普通混凝土，厚度為15cm的樓板，在承受正負最大彎矩的部分，長邊方向的拉力鋼筋可使用竹節鋼筋D10，間隔在30cm以下。

....

A 樓板筋的鋼筋量p_g，在各方向為0.2%以上（RC規範，**1**為○）。記住是梁的拉力鋼筋比$p_t \geqq 0.4\%$的一半，或是和同樣以細鋼筋組成的箍筋比p_w、肋筋比p_w相同即可（參見R111）。

以木棒組成十字向上抬起時，短棒會負擔較多。樓板筋也是以短邊方向的負擔較大。

短向較辛苦喔！

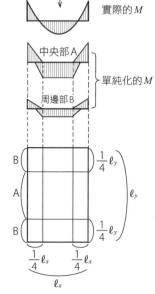

樓板

實際的M

中央部A

周邊部B

單純化的M

RC規範中，對樓板筋的規定如下（**2**為○）。

〈普通混凝土的樓板〉

間隔
$\begin{cases} 短邊方向…D10以上 & @200mm以下 \\ 長邊方向…D10以上 & @300mm以下 \\ 且 & @樓板厚×3以下 \end{cases}$

B $\frac{1}{4}\ell_y$

A ℓ_y

B $\frac{1}{4}\ell_y$

$\frac{1}{4}\ell_x$　$\frac{1}{4}\ell_x$

ℓ_x

....

答案 ▶ **1.** ○　**2.** ○

Q 鋼筋混凝土結構中
　　1. 樓高 4m 的承重牆厚度，是樓高的 1/40。
　　2. 考量混凝土的填充性、面外彎曲的穩定性等，承重牆的厚度會是
　　　　壁板淨高的 1/20 且 150mm 以上。
　　3. 剪力牆的厚度要在 100mm 以上，且為淨高的 1/30 以上。

....

A 承重牆是用以抵抗垂直、水平荷重的結構壁，在承重牆中，以柱和
　　梁構成，作為抵抗地震水平荷重者，稱為剪力牆。使用上以承重牆
　　的意義較廣泛。沒有負擔荷重的牆稱為非結構壁（非承重牆）。

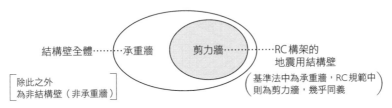

剪力牆的厚度要在 120mm 以上，且為淨高的 1/30 以上（RC 規範，
1 為 ╳，**2** 為 ○，**3** 為 ╳）。RC 壁式結構的「承重牆（負擔垂直荷
重）」的厚度另有規定（參見 R150、R151）。

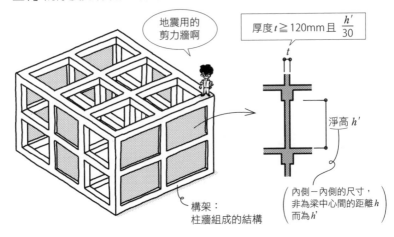

....

答案 ▶ 1. ╳　**2.** ○　**3.** ╳

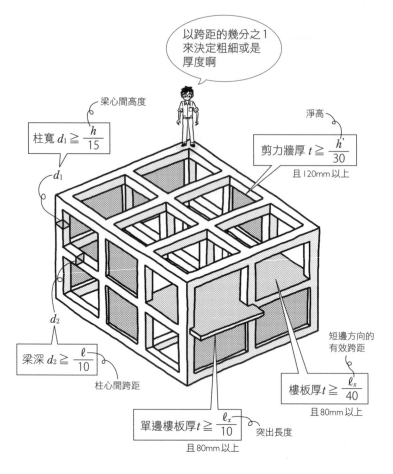

以跨距的幾分之1來決定粗細或是厚度啊

梁心間高度

柱寬 $d_1 \geqq \dfrac{h}{15}$

d_1

淨高

剪力牆厚 $t \geqq \dfrac{h'}{30}$

且120mm以上

d_2

梁深 $d_2 \geqq \dfrac{\ell}{10}$

柱心間跨距

短邊方向的有效跨距

樓板厚 $t \geqq \dfrac{\ell_x}{40}$

且80mm以上

單邊樓板厚 $t \geqq \dfrac{\ell_x}{10}$

且80mm以上

突出長度

柱寬 $\cdots\cdots\cdots \dfrac{1}{15}$

梁深 $\cdots\cdots\cdots \dfrac{1}{10}$

剪力牆厚 $\cdots\cdots \dfrac{1}{30}$

樓板厚 $\cdots\cdots\cdots \dfrac{1}{40}$

單邊樓板厚 $\cdots \dfrac{1}{10}$

要完整記下來喔！

Q 鋼筋混凝土結構中，承重牆周圍的柱和梁有拘束承重牆的效果，因此周圍有設置柱和梁者，可以增加承重牆的韌性。

··

A 承重牆（剪力牆）以柱梁拘束時，可以防止剪力裂縫的延伸、貫穿，具有柔韌度使之難以破壞，形成有韌性的結構（答案為○）。下圖的柔韌度順序為①＜②＜③。

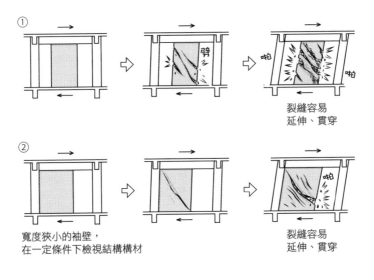

裂縫容易
延伸、貫穿

寬度狹小的袖壁，
在一定條件下檢視結構構材

裂縫容易
延伸、貫穿

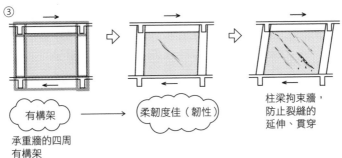

有構架 → 柔韌度佳（韌性）

承重牆的四周
有構架

柱梁拘束牆，
防止裂縫的
延伸、貫穿

6

RC造的樓板和牆

··

答案 ▶ ○

Q 彎曲降伏後的承重牆韌性較高，壓力部分的側柱要增加剪力筋。

....

A 側柱是指承重牆左右兩側的柱，和上下梁形成構架拘束承重牆（剪力牆）。承重牆產生彎曲降伏（彈性區域結束，進入不會恢復原狀的塑性變形直至破壞）時，拉力側的混凝土會開裂，只有柱和牆的鋼筋抗拉，壓力側則是由混凝土和鋼筋在抗壓。柱被壓壞時，箍筋若較少，容易發生主筋挫屈和混凝土外露，箍筋若是較密集就可以防止發生這種情況（參見R103，答案為○）。

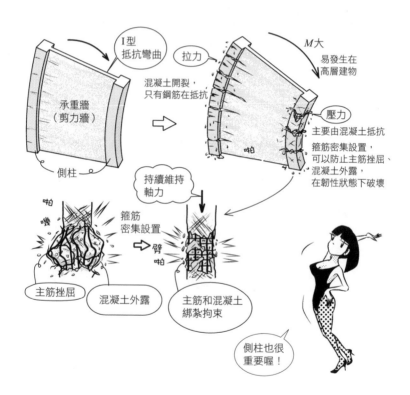

....

Q 如圖，有開口的鋼筋混凝土結構，以下和牆構材有關的敘述，請依基準法判斷是否正確。

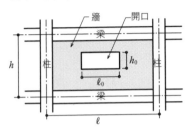

h（梁心間高度）：3.2m
ℓ（柱心間長度）：6.0m
h_0（開口高度）　：0.8m
ℓ_0（開口長度）　：2.0m

$$式① \; \gamma_0 = \sqrt{\frac{h_0 \cdot \ell_0}{h \cdot \ell}} = \sqrt{\frac{0.8 \times 2.0}{3.2 \times 6.0}}$$
$$\fallingdotseq 0.29$$

1. 使用式①所計算的值在0.4以下，可判斷為有開口的承重牆。

2. 開口補強筋的量要考慮開口大小進行計算，開口補強筋應為D13以上，且使用和牆筋相同直徑以上的鋼筋。

A 在承重牆設置大開口，地震時容易破壞，變成無法耐震。「承重牆整體面積」所對應的「開口面積」的比，取根號後稱為<u>開口周比</u> γ_0。$\gamma_0 \leqq 0.4$（告示，**1**為○）。

$$開口周比\;\gamma_0 = \sqrt{\frac{開口面積}{承重牆1區劃的面積}} = \frac{h_0 、 \ell_0 \; 的幾何平均}{h 、 \ell \; 的幾何平均} = \sqrt{\frac{h_0 \cdot \ell_0}{h \cdot \ell}} = \leqq 0.4$$

開口周圍加入稍粗的鋼筋D13作為補強。否則發生地震時，開口部很容易產生裂縫（**2**為○）。

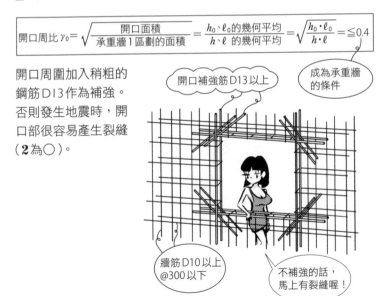

開口補強筋D13以上

成為承重牆的條件

牆筋D10以上@300以下

不補強的話，馬上有裂縫喔！

答案 ▶ 1. ○　　**2.** ○

Q 如圖，有開口的鋼筋混凝土結構，以下和牆構材有關的敘述，請依基準法判斷是否正確。

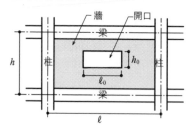

h（梁心間高度）：3.2m
ℓ（柱心間長度）：6.0m
h_0（開口高度）：0.8m
ℓ_0（開口長度）：2.0m

式① $\gamma_0 = \sqrt{\dfrac{h_0 \cdot \ell_0}{h \cdot \ell}} = \sqrt{\dfrac{0.8 \times 2.0}{3.2 \times 6.0}}$
$\fallingdotseq 0.29$

式② $\gamma_1 = 1 - 1.25\gamma_0 = 0.64$

式③ $\gamma_2 = 1 - \max\left\{\gamma_0, \dfrac{h_0}{h}, \dfrac{\ell_0}{\ell}\right\}$
$= 0.67$

1. 1次設計使用的剪切模數折減率，是使用式②來計算。

2. 1次設計使用的容許剪承載力折減率，是用式①、式②及式③中的最小值來計算。

....

A 開口周比 γ_0 在 0.4 以下，該牆體可視為承重牆。由於有開口部的關係，要將勁度和承載力進行折減計算。勁度是變形困難度，承載力則是容許極限的力。變形成平行四邊形的困難度係數（剪切模數）是用 γ_1 的折減率（**1**為○），斷面積×混凝土的 f_s 等的係數（容許剪承載力）則是用 γ_2 的折減率（**2**為✕）。$\max\{x, y, z\}$ 是指從 x、y、z 中選擇最大值。

（勁度：堅硬、變形困難度
承載力：強度、破壞困難度）

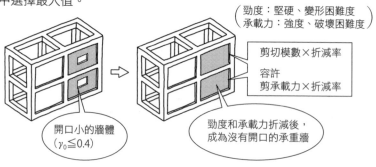

剪切模數×折減率

容許
剪承載力×折減率

開口小的牆體
（$\gamma_0 \leqq 0.4$）

勁度和承載力折減後，
成為沒有開口的承重牆

Point

$\gamma_0 \leqq 0.4$ ⟶ 承重牆
（開口較小）　勁度、承載力減少

$\gamma_0 > 0.4$ ⟶ 非承重牆
（開口較大）　不列入計算

....

答案 ▶ 1. ○　2. ✕

Q 如圖，有承重牆的鋼筋混凝土結構，以下有關建築物耐震設計的敘述，請判斷是否正確。

　1. 如圖1的牆體，由於開口周比 γ_0 在0.4以下，無開口承重牆的剪切模數及剪承載力，可以和開口周比 γ_0 相乘進行折減。

　2. 如圖2的牆體，開口部的上端為上部梁，下端連接到樓板，各層都不可視為1道承重牆。

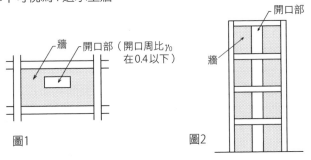

牆　開口部（開口周比 γ_0 在0.4以下）

開口部

牆

圖1　　　　　　　　　　　圖2

- -

A 開口周比 $\gamma_0 \leqq 0.4$，可以重新成為無開口的承重牆。此時考量開口的影響，進行勁度和承載力的折減，勁度的折減率 γ_1、容許剪承載力的折減率 γ_2，使用如右的計算式（告示，**1**為×）。開口上下較長，上端為梁，下端直達梁和樓板時，不管開口的橫寬 ℓ_0 有多小，都無法發揮出整體的承重牆效果。如此究竟是左右2道的承重牆，或是非結構壁，要由各種不同的牆形式來做判斷（**2**為○）。

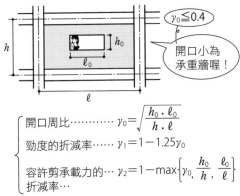

$\gamma_0 \leqq 0.4$

開口小為承重牆喔！

開口周比 $\cdots\cdots\cdots$ $\gamma_0 = \sqrt{\dfrac{h_0 \cdot \ell_0}{h \cdot \ell}}$

勁度的折減率 $\cdots\cdots$ $\gamma_1 = 1 - 1.25\gamma_0$

容許剪承載力的 $\cdots$ $\gamma_2 = 1 - \max\left\{\gamma_0, \dfrac{h_0}{h}, \dfrac{\ell_0}{\ell}\right\}$
折減率$\cdots$

6

RC造的樓板和牆

- -

答案 ▶ 1.×　2.○

Q 如圖，有承重牆的鋼筋混凝土結構，以下有關建築物耐震設計的敘述，請判斷是否正確。

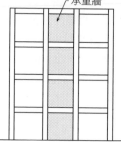

承重牆

1. 如圖所示的構架，可想而知連層承重牆的旋轉變形會比較大，考慮壁腳部的固定條件，可求得負擔的剪力。

2. 如圖所示的連層承重牆整體產生彎曲降伏時，彎曲降伏的承重牆不會產生脆性破壞，而是保有韌性，檢討破壞機構時，所負擔的剪力會增加。

....

A 上下連續為承重牆（連層承重牆）的情況下，整體會產生旋轉，基礎會向上浮起。必須考量最下層的承重牆腳部的固定條件，求出剪力的負擔（**1**為○）。

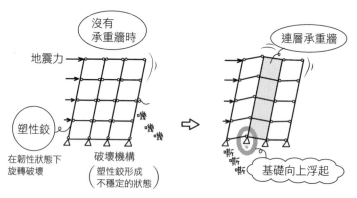

沒有承重牆時

連層承重牆

地震力

塑性鉸

在韌性狀態下旋轉破壞

破壞機構（塑性鉸形成不穩定的狀態）

嘰嘰

⇨

嘶嘶嘶

基礎向上浮起

平行四邊形的剪力破壞下，會一口氣產生脆性破壞。彎曲破壞是在韌性狀態下產生破壞，<u>剪承載力增加直至彎曲破壞，韌性（柔韌度）也隨之增加</u>（**2**為○）。

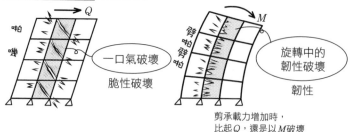

啪嘰

Q

一口氣破壞

脆性破壞

劈啪劈啪

M

旋轉中的韌性破壞

韌性

剪承載力增加時，比起Q，還是以M破壞

....

答案 ▶ **1.** ○　**2.** ○

Q 鋼筋混凝土結構中，為了提高變形性能，承重牆的破壞形式不能是基礎向上浮起型。

. . . .

A 基礎向上浮起型的破壞形式，是在韌性狀態下的變形破壞。<u>要避免一口氣破壞的剪力破壞型，可採基礎向上浮起型或彎曲降伏型</u>（答案為×）。

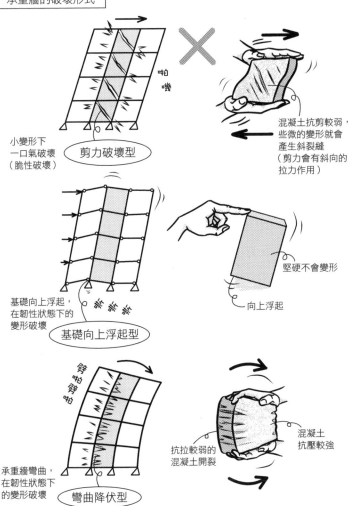

承重牆的破壞形式

小變形下
一口氣破壞
（脆性破壞）
剪力破壞型

混凝土抗剪較弱，些微的變形就會產生斜裂縫（剪力會有斜向的拉力作用）

基礎向上浮起，在韌性狀態下的變形破壞
基礎向上浮起型

堅硬不會變形
向上浮起

承重牆彎曲，在韌性狀態下的變形破壞
彎曲降伏型

抗拉較弱的混凝土開裂

混凝土抗壓較強

6

RC造的樓板和牆

答案 ▶ ×

Q 在多跨距構架中的1跨距設置連層承重牆時，為了提高對傾倒的抵抗性，比起配置在構架內的最外端部位，配置在中央部位較有利。

A 連層承重牆的兩側都有梁時，兩側可以壓制基礎向上浮起，比起單邊有梁的情況，更能防止結構向上浮起。因此多跨距構架的連層承重牆，比起設置在外端部位，設置在中央部位者，基礎較不易向上浮起（答案為○）。

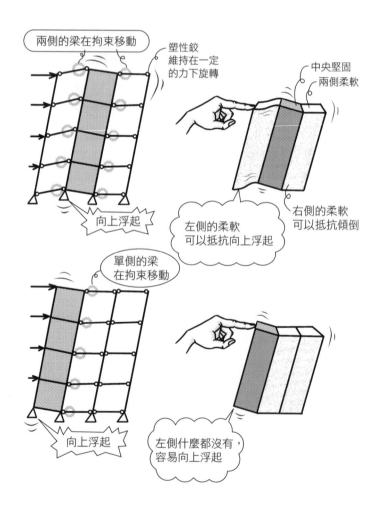

兩側的梁在拘束移動
塑性鉸維持在一定的力下旋轉
中央堅固兩側柔軟
右側的柔軟可以抵抗傾倒
向上浮起
左側的柔軟可以抵抗向上浮起
單側的梁在拘束移動
左側什麼都沒有，容易向上浮起
向上浮起

答案 ▶ ○

Q 如圖，有承重牆的鋼筋混凝土結構，為了確定建築物承重牆的破壞形式，加入和承重牆為同一面內（檢討方向）的構架構材，考量和承重牆為直交方向的構架構材進行檢討。

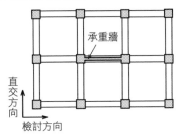

A

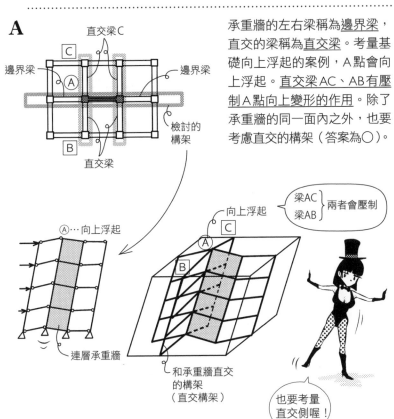

承重牆的左右梁稱為邊界梁，直交的梁稱為直交梁。考量基礎向上浮起的案例，A點會向上浮起。直交梁AC、AB有壓制A點向上變形的作用。除了承重牆的同一面內之外，也要考慮直交的構架（答案為○）。

6

RC造的樓板和牆

Q 鋼筋混凝土結構的建築物，就算是從最上層到基礎並未連續的牆體，考慮力的流動設計時，該牆體也可視為承重牆。

....

A 承重牆為上下重疊的連層承重牆時，牆上下成為一體，是最常見的作用型態。牆有設置開口時，開口周比 γ_0 要在 0.4 以下，越小越好。

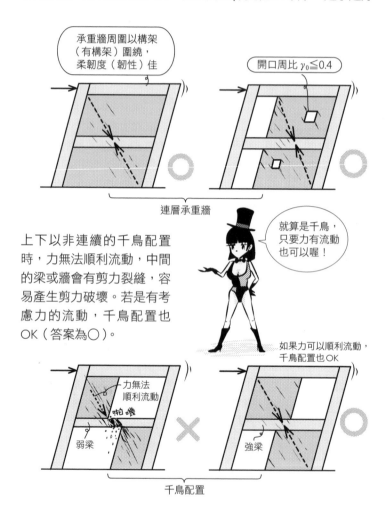

承重牆周圍以構架（有構架）圍繞，柔韌度（韌性）佳

開口周比 $\gamma_0 \leqq 0.4$

連層承重牆

就算是千鳥，只要力有流動也可以喔！

上下以非連續的千鳥配置時，力無法順利流動，中間的梁或牆會有剪力裂縫，容易產生剪力破壞。若是有考慮力的流動，千鳥配置也OK（答案為○）。

如果力可以順利流動，千鳥配置也OK

力無法順利流動

帕嘰

弱梁

強梁

千鳥配置

....

答案 ▶ ○

Q 鋼筋混凝土結構中，厚度120mm的承重牆，可用D10的鋼筋，以
400mm的間隔進行單筋配置。

⋯⋯⋯⋯⋯⋯⋯⋯⋯⋯⋯⋯⋯⋯⋯⋯⋯⋯⋯⋯⋯⋯⋯⋯⋯⋯⋯⋯⋯

A 承重牆所加入的鋼筋，作用和
箍筋、肋筋相同，是以拉力抵
抗因剪力 Q 造成的平行四邊
形變形，也因此稱為<u>剪力筋</u>。
鋼筋的加入方式有下圖三種：
<u>D10以上，間隔300mm以</u>
<u>下，千鳥配筋則是450mm以</u>
<u>下</u>（答案為╳）。

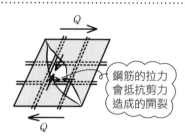

鋼筋的拉力
會抵抗剪力
造成的開裂

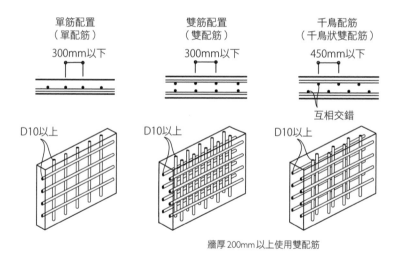

單筋配置 （單配筋）	雙筋配置 （雙配筋）	千鳥配筋 （千鳥狀雙配筋）
300mm以下	300mm以下	450mm以下

互相交錯

D10以上　　　D10以上　　　D10以上

牆厚 200mm 以上使用雙配筋

6

RC造的樓板和牆

⋯⋯⋯⋯⋯⋯⋯⋯⋯⋯⋯⋯⋯⋯⋯⋯⋯⋯⋯⋯⋯⋯⋯⋯⋯⋯⋯⋯⋯⋯⋯⋯⋯

答案 ▶ ╳

Q 鋼筋混凝土結構中的承重牆，使用D10的竹節鋼筋作為牆筋時，以下承重牆的斷面1～5，請計算其剪力筋比p_s，並判斷該配置是否可行。牆筋在縱橫方向皆為等間隔配置，1根D10的斷面積為0.7cm²。

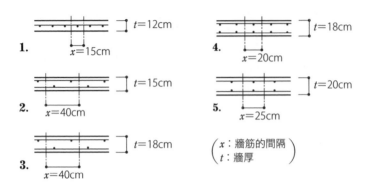

1. $t=12\text{cm}$　$x=15\text{cm}$

2. $t=15\text{cm}$　$x=40\text{cm}$

3. $t=18\text{cm}$　$x=40\text{cm}$

4. $t=18\text{cm}$　$x=20\text{cm}$

5. $t=20\text{cm}$　$x=25\text{cm}$

$\left(\begin{array}{l}x：牆筋的間隔\\t：牆厚\end{array}\right)$

A 牆體中加入格子網狀的鋼筋，所產生的拉力可防止牆體斜向開裂。有1層的單配筋、2層的雙配筋、千鳥配筋等，亦有從牆體正面以45°傾斜加入者。p_s是由鋼筋的斷面積÷混凝土的斷面積計算而得。

剪力筋比

$$p_s=\dfrac{a_t}{xt}\geqq0.25\%$$

shear　承重牆
剪力　$\left[梁\,p_t\geqq0.4\%的\dfrac{1}{2}+0.05\%\right]$

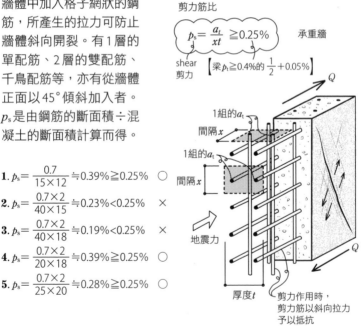

1組的a_t
間隔x
1組的a_t
間隔x
地震力
厚度t
剪力作用時，剪力筋以斜向拉力予以抵抗
Q

1. $p_s=\dfrac{0.7}{15\times12}\fallingdotseq0.39\%\geqq0.25\%$　○

2. $p_s=\dfrac{0.7\times2}{40\times15}\fallingdotseq0.23\%<0.25\%$　✕

3. $p_s=\dfrac{0.7\times2}{40\times18}\fallingdotseq0.19\%<0.25\%$　✕

4. $p_s=\dfrac{0.7\times2}{20\times18}\fallingdotseq0.39\%\geqq0.25\%$　○

5. $p_s=\dfrac{0.7\times2}{25\times20}\fallingdotseq0.28\%\geqq0.25\%$　○

Q 鋼筋混凝土結構中的配筋如下表所示。請指出下列哪一個不符合日本建築學會「鋼筋混凝土結構計算規範」中，對於鋼筋量的最小規定。鋼筋1根的斷面積為「D10：0.7cm²」、「D13：1.3cm²」、「D25：5.0cm²」。

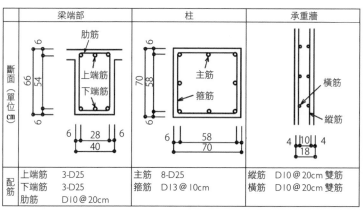

	梁端部	柱	承重牆
斷面（單位 cm）			
配筋	上端筋　3-D25 下端筋　3-D25 肋筋　　D10＠20cm	主筋　8-D25 箍筋　D13＠10cm	縱筋　D10＠20cm 雙筋 橫筋　D10＠20cm 雙筋

1. 梁端部的拉力鋼筋量　　**4.** 柱的剪力筋量

2. 梁端部的剪力筋量　　**5.** 承重牆的剪力筋量

3. 柱的主筋量

A 將各結構構材的鋼筋斷面積除以構材斷面積，求出 p_t、p_w、p_g。

1.（梁）拉力鋼筋比　$p_t = \dfrac{a_t}{bd} = \dfrac{3 \times 5\text{cm}^2}{40\text{cm} \times 60\text{cm}} \fallingdotseq 0.0063 = 0.63\% \geqq 0.4\%$　○

（有效深度）

2.（梁）肋筋比　$p_w = \dfrac{a_w}{bx} = \dfrac{2 \times 0.7\text{cm}^2}{40\text{cm} \times 20\text{cm}} \fallingdotseq 0.0018 = 0.18\% < 0.2\%$　×

（間隔）

3.（柱）主筋比　$p_g = \dfrac{a_g}{bD} = \dfrac{8 \times 5\text{cm}^2}{70\text{cm} \times 70\text{cm}} \fallingdotseq 0.0082 = 0.82\% \geqq 0.8\%$　○

4.（柱）箍筋比　$p_w = \dfrac{a_w}{bx} = \dfrac{2 \times 1.3\text{cm}^2}{70\text{cm} \times 10\text{cm}} \fallingdotseq 0.0037 = 0.37\% \geqq 0.2\%$　○
（x方向、y方向相同）

5.（牆）剪力筋比　$p_s = \dfrac{a_t}{tx} = \dfrac{2 \times 0.7\text{cm}^2}{18\text{cm} \times 20\text{cm}} \fallingdotseq 0.0039 = 0.39\% \geqq 0.25\%$　○
（x方向、y方向相同）
（厚度）

6

RC造的樓板和牆

答案 ▶ 2

將各結構體的鋼筋量做個整理，記下來吧。

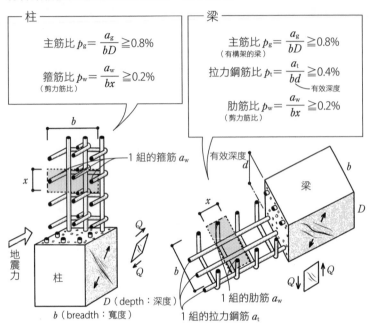

柱

主筋比 $p_g = \dfrac{a_g}{bD} \geqq 0.8\%$

箍筋比 $p_w = \dfrac{a_w}{bx} \geqq 0.2\%$
（剪力筋比）

梁

主筋比 $p_g = \dfrac{a_g}{bD} \geqq 0.8\%$
（有構架的梁）

拉力鋼筋比 $p_t = \dfrac{a_t}{bd} \geqq 0.4\%$
　　　　　　　　　　└─ 有效深度

肋筋比 $p_w = \dfrac{a_w}{bx} \geqq 0.2\%$
（剪力筋比）

1 組的箍筋 a_w

有效深度
d

梁

x

D

地震力

柱

Q
Q

D（depth：深度）
b（breadth：寬度）

1 組的肋筋 a_w

1 組的拉力鋼筋 a_t

Q　Q

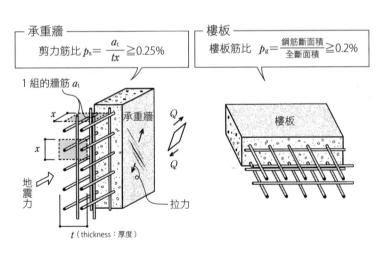

承重牆

剪力筋比 $p_s = \dfrac{a_t}{tx} \geqq 0.25\%$

樓板

樓板筋比 $p_g = \dfrac{鋼筋斷面積}{全斷面積} \geqq 0.2\%$

1 組的牆筋 a_t

x

承重牆

Q
Q

樓板

地震力

拉力

t（thickness：厚度）

以梁的拉力鋼筋比 $p_t \geqq 0.4\%$ 為中心，記住其倍數的 0.8%、半數的 0.2%，以及多一些的 0.25% 吧。

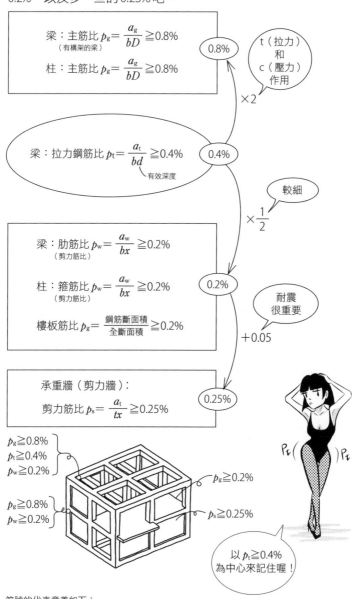

梁：主筋比 $p_g = \dfrac{a_g}{bD} \geqq 0.8\%$
（有構架的梁）

柱：主筋比 $p_g = \dfrac{a_g}{bD} \geqq 0.8\%$

0.8%

t（拉力）
和
c（壓力）
作用

$\times 2$

梁：拉力鋼筋比 $p_t = \dfrac{a_t}{bd} \geqq 0.4\%$
有效深度

0.4%

較細

$\times \dfrac{1}{2}$

梁：肋筋比 $p_w = \dfrac{a_w}{bx} \geqq 0.2\%$
（剪力筋比）

柱：箍筋比 $p_w = \dfrac{a_w}{bx} \geqq 0.2\%$
（剪力筋比）

樓板筋比 $p_g = \dfrac{\text{鋼筋斷面積}}{\text{全斷面積}} \geqq 0.2\%$

0.2%

耐震
很重要

$+0.05$

承重牆（剪力牆）：

剪力筋比 $p_s = \dfrac{a_t}{tx} \geqq 0.25\%$

0.25%

$p_g \geqq 0.8\%$
$p_t \geqq 0.4\%$
$p_w \geqq 0.2\%$

$p_g \geqq 0.2\%$

$p_g \geqq 0.8\%$
$p_w \geqq 0.2\%$

$p_s \geqq 0.25\%$

P_t　P_t

以 $p_t \geqq 0.4\%$
為中心來記住喔！

6

RC造的樓板和牆

符號的代表意義如下：
a：area、p：proportion、g：gross、t：tension、c：compression、w：web、s：shear

Q 鋼筋混凝土結構中

1. 附有彎鉤的搭接續接的長度，就是鋼筋互相彎折開始點之間的距離。

2. D35以上的竹節鋼筋的續接，原則上不以搭接施工。

3. 鋼筋的徑（名稱的數值）差值超過7mm時，原則上不設置瓦斯壓接續接。

4. 瓦斯壓接續接中，壓接處所會在鋼筋的直線部分，避免設在彎曲加工部分及其附近。

....

A 由於長鋼筋搬運及組立時比較麻煩，通常會切成一定長度，在現場製作。製作鋼筋就會有續接，重疊者稱為搭接續接，以瓦斯熱加上壓力使之一體化者為瓦斯壓接，另外還有螺栓型的續接或用金屬零件夾住等的機械式續接。

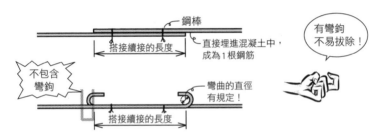

有彎鉤者較不易拔除，因此續接長度規定可以比直線來得短。有彎鉤的搭接續接，其長度不包含彎鉤部分（**1**為○）。D35以上的粗鋼筋要使用瓦斯壓接（**2**為○）。有7mm以上徑差且彎曲部分，不可使用瓦斯壓接（**3**、**4**為○）。

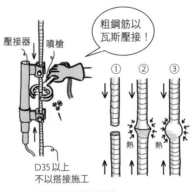

....

答案 ▶ 1.○ 2.○ 3.○ 4.○

Q 鋼筋混凝土結構中

1. 原則上鋼筋的續接會設置在構材內力較小處，而且常是在混凝土產生壓力的部分。

2. 柱主筋的續接位置，要考慮構材內力和作業性，設置在柱的淨高下方起算1/4的位置。

....

A 2根鋼筋接合的續接部分，若是受到很強的拉力作用，會有錯開的疑慮。垂直荷重於常時作用，因此續接部分若常有拉力作用，並非處於良好狀態。鋼筋或周圍的混凝土常有壓力作用，可以比較安心。JASS 5中的續接位置，常設在垂直荷重時的壓力作用部分，並且遠離柱梁根部的位置。梁要從接合部距離柱寬D以上，柱要從接合部距離淨高（內－內的高度尺寸）1/4倍以上。柱梁的根部，會有常時的垂直荷重以及非常時的水平荷重所造成的大彎矩作用，上下緣會發生較大的拉力（**1**、**2**為○）。

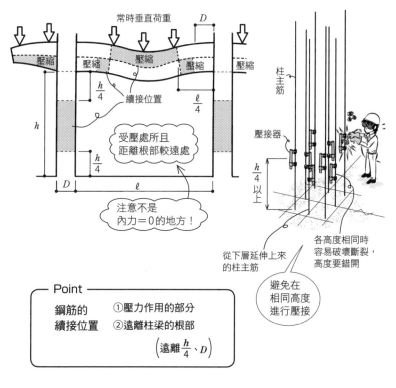

Point

鋼筋的　　①壓力作用的部分
續接位置　　②遠離柱梁的根部

$$\left(遠離\ \frac{h}{4}、D\right)$$

....

答案 ▶ 1. ○　2. ○

Q 鋼筋混凝土結構的建築物中，受到如圖的垂直荷重或水平荷重作用時，請判斷裂縫敘述是否正確。

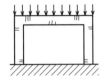 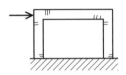

1. 垂直荷重造成柱和梁的　　　　**2.** 水平荷重造成柱和梁的
　　彎曲裂縫　　　　　　　　　　　　彎曲裂縫

A 彎矩 M 作用時，突出側受拉，凹陷側受壓。混凝土的抗拉強度只有抗壓的 1/10，馬上就會裂開。M圖是描繪在變形突出側，<u>M圖側的構材會產生垂直裂縫</u>。

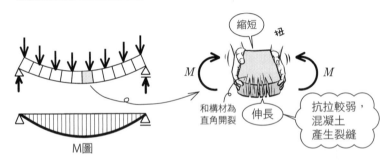

縮短　扭

M　　　　　M

和構材為
直角開裂　　伸長

抗拉較弱，
混凝土
產生裂縫

M圖

門型構架的 M 圖和變形如下圖所示，M 圖側，也就是變形突出側會產生和構材成直角的裂縫（**1**為○，**2**為×）。此 M 圖和變形比較難，在此一併記下來吧。

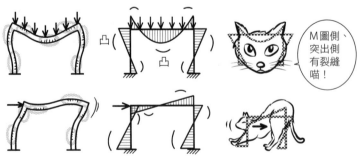

凸

凸

M圖側、
突出側
有裂縫
喵！

Q 鋼筋混凝土結構中，地震時受到水平力作用的柱，柱頭和柱腳容易產生裂縫。

A 地震時除了垂直荷重①之外，同時會有地震的水平荷重②在作用。各內力加總後成為③。彎矩 M 在柱頭、柱腳會較大。因此在突出側、拉力側，抗拉較弱的混凝土會產生裂縫（答案為○）。看地震受災的建物就知道，從柱頭、柱腳破壞的例子相當多，M 越大，Q 的作用也越大。

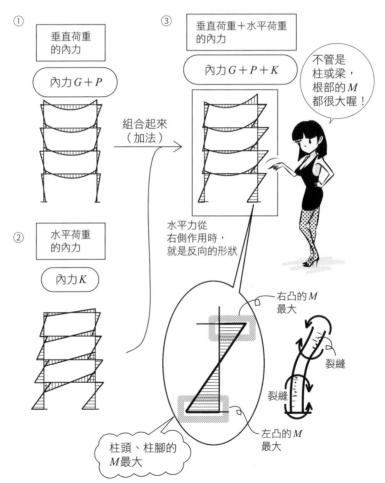

① 垂直荷重的內力
內力 $G+P$

組合起來（加法）

③ 垂直荷重＋水平荷重的內力
內力 $G+P+K$

不管是柱或梁，根部的 M 都很大喔！

② 水平荷重的內力
內力 K

水平力從右側作用時，就是反向的形狀

右凸的 M 最大
裂縫
左凸的 M 最大
裂縫

柱頭、柱腳的 M 最大

7

裂縫

Q 鋼筋混凝土結構的建築物中，受到如圖的水平荷重作用時，請判斷裂縫敘述是否正確。

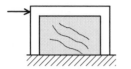

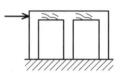

1. 水平荷重造成承重牆的剪力裂縫

2. 水平荷重造成梁的剪力裂縫

....

A 剪力 Q 是造成平行四邊形交錯的力。考量極端的平行四邊形變形情況，可知有拉力對角線和壓力對角線。<u>和拉力對角線成直交處，會產生剪力裂縫</u>。

抗拉較弱的混凝土產生裂縫

對角線方向受拉

門型構架變形成極端的平行四邊形時，可知拉力對角線的方向（**1**、**2** 為○）。水平荷重會作用在左右兩側，<u>剪力裂縫會在交叉（×）方向產生</u>。

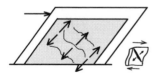

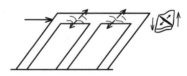

....

答案 ▶ **1.** ○   **2.** ○

Q 鋼筋混凝土結構的柱梁接合部和梁端部，受到如圖的力作用時，請
判斷裂縫情形是否正確。

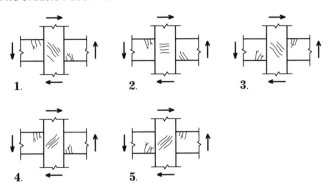

1.　　　　　2.　　　　　3.

4.　　　　　5.

A 構架左側受到水平力作用，柱會向右傾倒。柱梁若是變形成極端的
平行四邊形，就可知道柱梁的裂縫。但在柱梁接合部（交會區），
柱的兩側是有梁壓著的特殊部位。此處的力作用方式及變形不同。

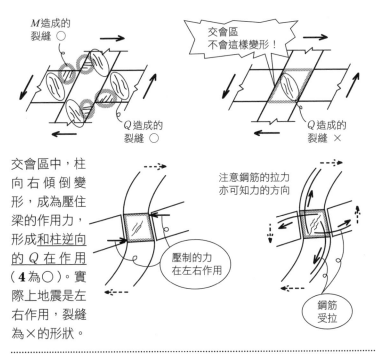

M造成的
裂縫 ○

交會區
不會這樣變形！

Q造成的
裂縫 ○

Q造成的
裂縫 ×

交會區中，柱
向右傾倒變
形，成為壓住
梁的作用力，
形成<u>和柱逆向
的 Q 在作用</u>
（**4**為○）。實
際上地震是左
右作用，裂縫
為×的形狀。

注意鋼筋的拉力
亦可知力的方向

壓制的力
在左右作用

鋼筋
受拉

7

裂縫

答案 ▶ 1. ×　2. ×　3. ×　4. ○　5. ×

Q 鋼筋混凝土結構的建築物，受到如圖的力作用時，請判斷裂縫敘述是否正確。

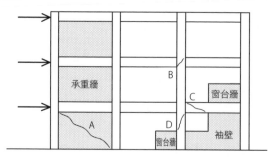

1. 承重牆產生斜向裂縫「A」　　**3.** 梁構材產生斜向裂縫「C」

2. 柱梁接合部產生斜向裂縫「B」　**4.** 柱構材產生斜向裂縫「D」

A 向右傾倒成平行四邊形，就可以馬上想像出在交會區以外的裂縫。平行四邊形對角線中，延伸方向＝受拉方向，抗拉較弱的混凝土會在與之直交的方向開裂（**1**為○，**3**為○，**4**為×）。

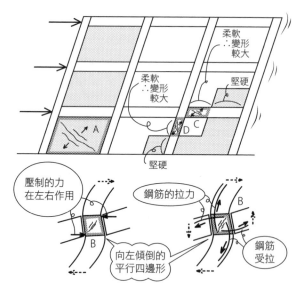

交會區的變形和前項相同，考量向右傾倒變形的柱受到左右梁的壓制、鋼筋的拉力等，形成向左傾倒的平行四邊形（**2**為○）。

答案 ▶ 1.○　2.○　3.○　4.×

Q 如圖的鋼筋混凝土結構，請判斷裂縫和原因是否正確。

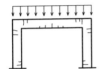
1. 垂直荷重造成柱
　　和梁的彎曲裂縫

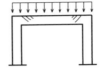
2. 垂直荷重造成
　　梁的剪力裂縫

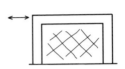
3. 水平荷重造成
　　承重牆的剪力裂縫

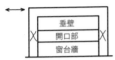
垂壁
開口部
窗台牆
4. 水平荷重造成
　　柱的剪力裂縫

5. 鹼骨材反應造成
　　柱、梁及承重牆的裂縫

A 柱梁描繪在 M 圖突出側，突出側混凝土受拉力作用，會產生垂直裂縫。Q 造成柱和牆體形成平行四邊形，延伸 (受拉) 對角線的直角方向會產生裂縫。

鹼骨材反應下，混凝土中的鹼性水溶液會和骨材的矽土反應，產生膨脹（參見 R026 ）。鹼骨材反應所造成的裂縫，在柱梁為中性軸上的線型，牆則是龜殼狀（**5** 為○）。

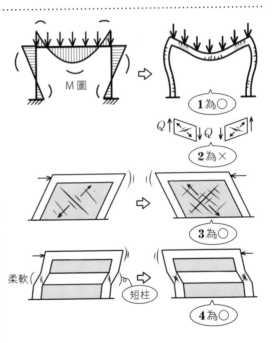

M 圖

1為○
Q↑ ↓Q ↓ ↑
2為×
3為○
柔軟
短柱
4為○

7

裂縫

答案 ▶ 1. ○　2. ×　3. ○　4. ○　5. ○

Q 壁式鋼筋混凝土結構中

1. 可以設計地上5層，建物高度16m的建築物。

2. 混凝土的設計基準強度為15N/mm²。

....

A

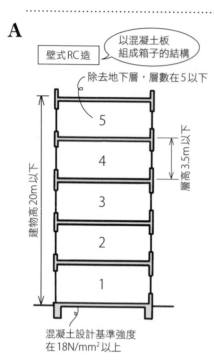

壁式RC造

以混凝土板組成箱子的結構

除去地下層，層數在5以下

5

4

3

2

1

建物高 20m 以下

層高 3.5m 以下

混凝土設計基準強度在18N/mm²以上

壁式結構是單以牆支撐，無法製作出有粗柱梁構架的大型建物。其限制為地上5層以下，建物高20m以下的中低層，且層高在3.5m以下。另外，混凝土的設計基準強度必須在18N/mm²以上（告示，**1**為○，**2**為✕）。壁式RC造的中低層集合住宅抗震很強，很少在地震中傳出災害。

┌─ Point ─────────

地上層數………5以下

建物高…………20m以下

層高……………3.5m以下

設計基準強度…18N/mm²以上

（壁規範中，建物高≦16m）

....

答案 ▶ 1. ○   2. ✕

Q 壁式鋼筋混凝土結構，其耐震強度雖大，但韌性不佳。

....

A 韌性為柔韌度，係指彈性結束產生塑性化後，一直到破壞之前，所能產生的大變形。此變形會吸收地震的能量。牆要變形成平行四邊形，需要很大的力（強度大），但只要一產生小變形就會破壞（韌性小，答案為○）。沒有牆的純構架結構，耐震強度雖小，塑鉸化後要很大的變形才會破壞。一旦塑性化後，力變弱也不會恢復原狀，建物雖然再也無法使用，但可以守護裡面的人直到破壞之前。

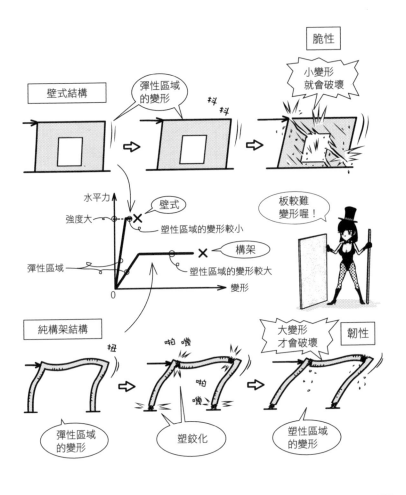

8

RC壁式結構

Q 壁式鋼筋混凝土結構的住宅中
　　1. 承重牆的實寬要在45cm以上。
　　2. 壁梁的梁深要在45cm以上。

A 壁（式）結構是以牆支撐重量及水平力，因此在 x、y 方向都必須有一定寬度以上的承重牆。若各承重牆太短，支撐力會變弱，地震時很快就會破壞，依規定要在45cm以上。開口上方沒有梁，直接承載樓板時，樓板容易彎折，牆也沒有一體化。在開口上方會留有些許牆作為壁梁，其深度（高度）也規定要在45cm以上（壁規範）。

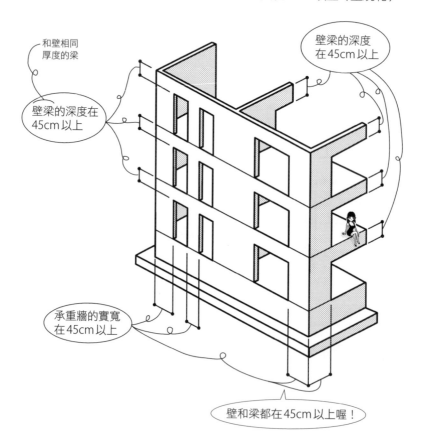

和壁相同厚度的梁

壁梁的深度在45cm以上

壁梁的深度在45cm以上

承重牆的實寬在45cm以上

壁和梁都在45cm以上喔！

答案 ▶ 1. ○　2. ○

Q 壁式鋼筋混凝土結構中

1. 承重牆的實寬，在有相同寬的部分，要採用其高度的30%且30cm以上的值。

2. 1層的實寬為50cm的牆中，若牆兩側有高度為2m的出入口作為開口部位，該牆不能視為承重牆。

....

A「實寬」不是指心－心，而是指實際的寬度，從端部到端部的寬度。「有相同實寬的部分」（ℓ）是指在右圖中，開口部之間所夾的部分，高度（h）是指所夾部分的高度。ℓ 規定要在h的30%以上且45cm以上（壁規範）。除了承重牆的實寬要在45cm以上，還要注意$\ell \geqq 0.3h$的規定。問題**1**的30cm＜45cm，故為×。

ℓ：承重牆的實寬
h：有相同實寬的部分的高度

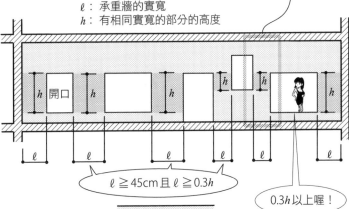

$\ell \geqq 45cm$且$\ell \geqq 0.3h$

$0.3h$以上喔！

在問題**2**中，h的30%為60cm，因此實寬只有50cm者不能視為承重牆（**2**為○）。

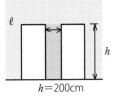

$h = 200cm$

$\left(\begin{array}{l} 0.3h = 60cm \\ \therefore \ell \geqq 60cm \end{array} \right)$

....

答案 ▶ 1. ×　　**2.** ○

Q 壁式鋼筋混凝土結構中

　1. 計算承重牆的寬度時，大小為換氣扇程度的小開口，若有進行適
　　當的補強，也可以不考慮該開口部。

　2. 承重牆設置30cm見方的小開口，進行適當的補強設計，且鄰接
　　的開口端之間的距離為40cm，可以忽略該小開口，進行牆量的
　　計算。

....

A 忽略換氣扇程度的小開口，進行牆量的計算。此時承重牆的實寬不
需要扣除開口的寬度，也不必考慮$l \geq 45$cm以上且$l \geq 0.3h$（**1**為
○）。

可以忽略的換氣扇程度小開口，若以具體數字作為規範，如下圖左
(1)～(4)（壁規範）。在下圖右中，$l_0 = 30$cm、$h_0 = 30$cm、$l_1 = l_2$
$= 40$cm，各規範皆符合，可視為無開口進行牆量計算（**2**為○）。

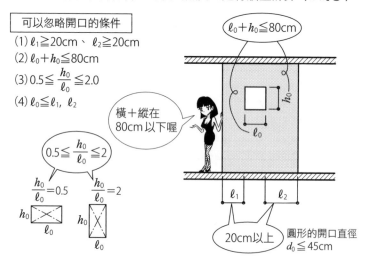

可以忽略開口的條件
(1) $l_1 \geq 20$cm、 $l_2 \geq 20$cm
(2) $l_0 + h_0 \leq 80$cm
(3) $0.5 \leq \dfrac{h_0}{l_0} \leq 2.0$
(4) $l_0 \leq l_1, l_2$

橫＋縱在80cm以下喔

$0.5 \leq \dfrac{h_0}{l_0} \leq 2$

$\dfrac{h_0}{l_0} = 0.5$　　$\dfrac{h_0}{l_0} = 2$

$l_0 + h_0 \leq 80$cm

20cm以上

圓形的開口直徑 $d_0 \leq 45$cm

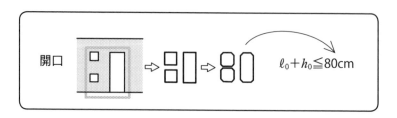

開口　　　　　⇒　　⇒　80　　$l_0 + h_0 \leq 80$cm

....

答案 ▶ **1.** ○　　**2.** ○

Q 如平面圖所示的壁式鋼筋混凝土結構，在平房建築的結構計算中，請求出 x 方向的牆量值。層高為3m，牆厚為12cm。

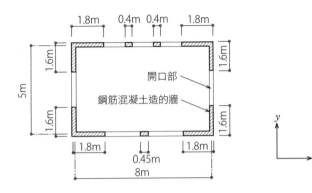

A RC壁式結構中，<u>合計 x、y 各方向的承重牆寬度，分散在該層每 $1m^2$ 樓板面積的值＝牆量</u>，規定必須在一定值以上（壁規範）。<u>承重牆的寬度必須在45cm以上</u>，寬度是從端部到端部測量而得。

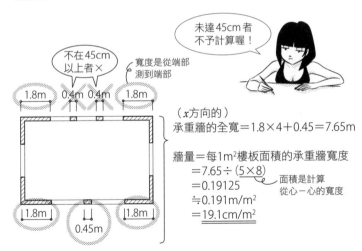

未達45cm者不予計算喔！

不在45cm以上者✕　　寬度是從端部測到端部

（x方向的）
承重牆的全寬＝1.8×4＋0.45＝7.65m

牆量＝每$1m^2$樓板面積的承重牆寬度
　　＝7.65÷(5×8)　面積是計算從心－心的寬度
　　＝0.19125
　　≒0.191m/m^2
　　＝19.1cm/m^2

（正確來說，0.45m的牆是否有效，還要看開口高度才能判斷。牆的寬度 ℓ，和開口部所夾部分的牆高度 h，還是有 $\ell \geqq 0.3h$ 的規定（參見R147）)

若為木造的牆量，牆端部是測量柱心到柱心間的寬度。在 x、y 各方向的合計寬度，稱為牆量。

答案 ▶ **19.1cm/m^2**

8

RC壁式結構

Q 壁式鋼筋混凝土結構，地上5層的建築物
1. 1層承重牆的梁間方向和桁行方向的牆量，分別為 15cm/m²。
2. 2層承重牆的梁間方向和桁行方向的牆量，分別為 12cm/m²。
3. 3層承重牆的梁間方向和桁行方向的牆量，分別為 12cm/m²。
4. 4層承重牆的梁間方向和桁行方向的牆量，分別為 12cm/m²。

....

A 長方形平面中，一般木造梁會架設在短邊方向，該梁可以作為承梁板。因此<u>短邊方向稱為梁間方向，長邊方向稱為桁行方向</u>。

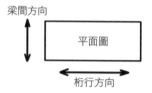

牆量從最上層開始算，依規定至第3層約為 12cm/m²，下方其餘的層為 15cm/m²，地下則是較多的 20cm/m²。先記住從上方至第3層為 12cm/m²。

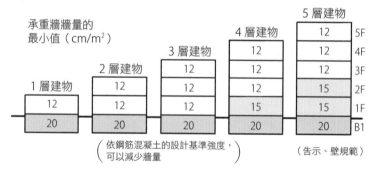

答案 ▶ **1.** ○　**2.** ×　**3.** ○　**4.** ○

Q 壁式鋼筋混凝土結構的建築物中
　1. 層高 3m 的平房建築，承重牆厚度為 10cm。
　2. 地上 3 層的建物，各層的承重牆厚度為 12cm，且為結構承載力
　　上主要的垂直支承間距離的 1/25。
　3. 地上 4 層的建物，承重牆厚度從 1 層到 3 層為 18cm，4 層為 15cm。

....

A 如下圖，規定是由層數和 h 來決定承重牆的厚度。實務上可以使用
　18cm ＋保護層厚 2cm，在建築師的測驗中必須默記下來。這裡就
　用只有頂部出現細枝葉的棕櫚樹為圖示，以木的粗細作聯想，製作
　記憶術。

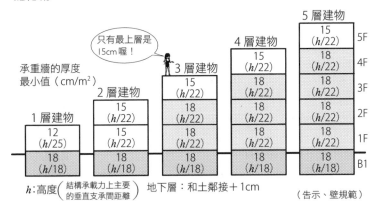

圖中的「12(h/25)」，表示「12cm 且 h/25 以上」。

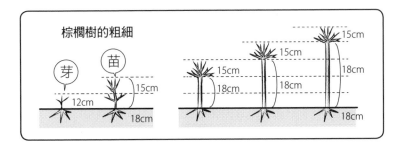

8

RC壁式結構

Q 壁式鋼筋混凝土結構中

　1. 相對於承重牆的正面面積，橫筋及縱筋的間隔各自在30cm以下。

　2. 若為平房建築物，在承重牆開口部的垂直緣作為彎曲補強筋的配
　　　筋，是使用1-D13。

....

A 正面面積是從立面正面所看到的（投影）面積，相對於正面面積的
　間隔，不是指牆的切斷面，而是從立面看見的間隔。壁式結構的承
　重牆中，縱筋、橫筋使用D10以上，間隔為300mm以下，千鳥配
　筋的間隔則是450mm以下（壁規範，**1**為○）。構架結構的剪力牆
　有相同規範。

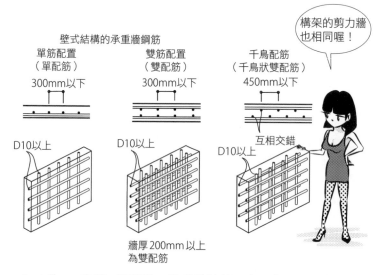

1-D13的1，表示1根鋼筋。承重牆端部、交叉部、開口部的垂直
緣等，要使用比D10粗的D13，必要時加入1根或2根D16加以補
強。隨著建物的層數、最上層下來的層數、開口的高度等而異。若
為平房，開口部垂直緣只要1-D13就OK（壁規範，**2**為○）。

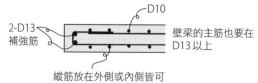

....

答案 ▶ **1.** ○　　**2.** ○

Q 壁式鋼筋混凝土結構中

　1. 地上4層的建築物，4層承重牆的縱筋及橫筋的鋼筋比，各自為
　　 0.1%。

　2. 地上5層的建築物，全部樓層的承重牆縱方向及橫方向的剪力筋
　　 比，各自為0.25%。

....

A 承重牆的鋼筋比（剪力筋比 p_s），和構架結構的剪力牆幾乎相同，
　都在0.25%以上。不過從最上層算下來第2層為0.2%以上，最上層
　則是0.15%以上，越來越低。這是因為越往上走，作用在樓層的剪
　力就越小。對應至構架的鋼筋比，一起記下來吧。

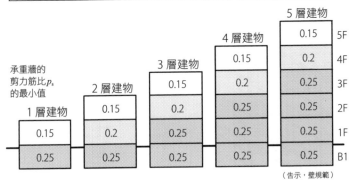

剪力筋比 p_s ＝ $\dfrac{1組的鋼筋斷面積}{各自對應的混凝土斷面積}$

shear

承重牆的
剪力筋比 p_s
的最小值

	1層建物	2層建物	3層建物	4層建物	5層建物	
					0.15	5F
				0.15	0.2	4F
			0.15	0.2	0.25	3F
		0.15	0.2	0.25	0.25	2F
	0.15	0.2	0.25	0.25	0.25	1F
	0.25	0.25	0.25	0.25	0.25	B1

（告示，壁規範）

$\left(\begin{array}{l}\text{牆量比規定值大時，}\\ p_s\text{可以折減}\end{array}\right.$　　$p_s = p_s$ 的規定值 $\times \dfrac{\text{牆量的規定值}}{\text{設計牆量}}\left.\right)$

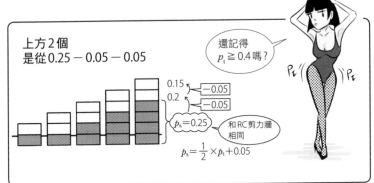

上方2個
是從 0.25 − 0.05 − 0.05

還記得
$p_t \geqq 0.4$ 嗎？

0.15 　−0.05
0.2 　−0.05

$p_s = 0.25$　和RC剪力牆
　　　　　相同

$p_s = \dfrac{1}{2} \times p_t + 0.05$

p_t　　p_t

8

RC壁式結構

....

答案 ▶ 1. ✕　　2. ○

Q 壁式鋼筋混凝土結構若為地上5層的建築物（各層的層高3m），壁梁的主筋為D13以上。

A 壁梁的主筋和構架柱梁的主筋，同樣要在D13以上（壁規範）。D13、D16等，在上下加入數根配置。

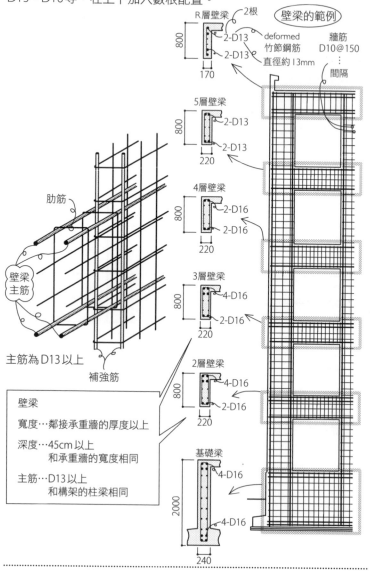

R層壁梁　2根
800
2-D13　deformed　　　牆筋
　　　　竹節鋼筋　　D10@150
2-D13　直徑約13mm　　⋮
170　　　　　　　　　　間隔

壁梁的範例

5層壁梁
800
2-D13
2-D13
220

4層壁梁
800
2-D16
2-D16
220

3層壁梁
800
4-D16
2-D16
220

肋筋

壁梁
主筋

2層壁梁
800
4-D16
2-D16
220

主筋為D13以上

補強筋

壁梁

寬度…鄰接承重牆的厚度以上

深度…45cm以上
　　　和承重牆的寬度相同

主筋…D13以上
　　　和構架的柱梁相同

基礎梁
4-D16
2000
4-D16
240

答案 ▶ ○

Q 1. 鋼材的碳含量越多時，銲接性越佳。

　　2. 鋼在熱間壓延製作時所產生的黑鏽（黑皮），會在鋼的表面形成
　　　　薄膜，具有防鏽效果。

A 鐵的歷史可以追溯到文明誕生時，鋼骨造則是在工業革命之後出
　現。製造法變化至鑄鐵、熟鐵，目前的鐵幾乎都是鋼。富有柔韌度
　（韌性）的強鋼，是相當優質的結構材。

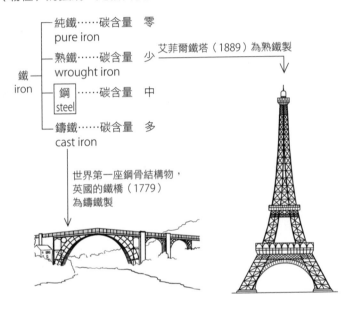

9

鋼材

鋼的碳含量增加時，會增加強度和硬度，韌性和銲接性則降低（**1**
為×）。生鏽（氧化鐵）有紅鏽和黑鏽，從工廠出廠時就有的黑
鏽，稱為鏽皮（mill scale）。mill 是製造廠，scale 則是氧化物薄層。
鏽皮為一緻密層，有一定程度的防鏽效果（**2** 為○）。

Q **1.** 磷（P）或硫磺（S）可以作為改善鋼材或銲接部韌性的添加元素，越多越好。

2. 鋼的硫磺含量越少，夏比吸收能量及板厚方向的頸縮值越大。

A <u>鋼當中包含磷或硫磺時，柔韌度（韌性）和延展性（抗拉的變形能力）會降低（**1** 為 ×，**2** 為 ○）。</u>

夏比衝擊試驗（charpy impact test）如下圖所示，藉由晃動在圓形中央部位設有衝擊刃的擺錘，當 10mm 見方斷面且具有凹口（notch）的試驗片開裂後，由重新向上擺的角度，可以測出衝擊吸收能量。吸收能量（夏比吸收能量）越大時（上擺的角度越小），對衝擊的抵抗性、柔韌度（韌性）、變形性能（延展性）越大。

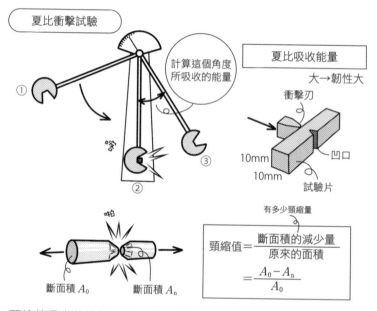

頸縮值是在拉力試驗中，斷面積頸縮多少的比。頸縮值越大，韌性、延展性越高。壓延時在板方向有結晶、不純物，板厚方向的抗拉就較弱，必須避免板厚方向的韌性降低。

答案 ▶ 1. ×　2. ○

Q 鋼的夏比衝擊試驗中，當試驗溫度越來越低，直到某個溫度以下，其吸收能量會急遽降低，容易發生脆性破壞。

....

A 金屬一般在低溫下較脆，容易產生脆性破壞。鋼是富含柔韌度的韌性材料，但在低溫下也會失去柔韌度，很容易產生脆性破壞。夏比衝擊試驗中，在低溫下，只要小能量就能使試驗片彎折變形（答案為○）。鋼材除了<u>低溫狀態的負荷</u>之外，<u>瞬間的負荷</u>也會產生<u>脆性破壞</u>。

9

鋼材

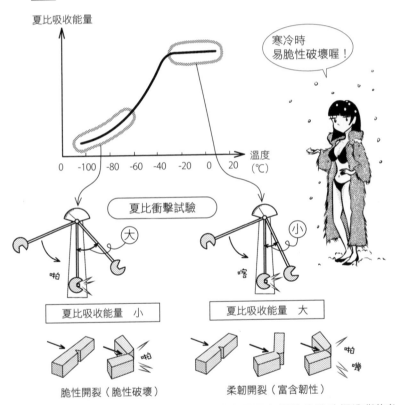

寒冷時
易脆性破壞喔！

夏比吸收能量

夏比衝擊試驗

夏比吸收能量　小

夏比吸收能量　大

脆性開裂（脆性破壞）　　　　柔韌開裂（富含韌性）

• 鋼的脆性破壞，以二次世界大戰時大量緊急製造的戰時標準貨物船「自由輪」（Liberty ship）的事故最有名。約 2700 艘自由輪中，約有 1000 艘產生脆性破壞，其中約 300 艘沉沒。這樣的結果促進了鋼和銲接技術的進步。戰爭、震災或事故等悲傷的事件，無疑是工學技術進步的原動力之一。

....

答案 ▶ ○

Q 1. 鋼材的抗拉強度，在溫度200～300℃左右有最大值，此溫度以上則數值會急遽驟降。

2. 鋼材的降伏點，在溫度350℃左右時，約為常溫下的2/3。

3. 鋼材的溫度越高，彈性模數及降伏點越低。

....

A 鋼在熱度下就像糖果一樣柔軟，必須進行耐火披覆，在200～300℃之間強度反而增加。強度增加時，柔韌度會消失，難以變形，容易形成脆性開裂（**1**為○）。將鋼加熱進行彎曲加工時，要避免藍脆狀態（200～400℃），在赤熱狀態（850～900℃）下進行。500℃時的強度約為1/2，900℃時約為1/10。降伏點下降，從原點到降伏點的直線斜率變得較和緩。該斜率就是彈性模數，因此彈性模數在降伏點下降時也會跟著降低（**2**、**3**為○）。

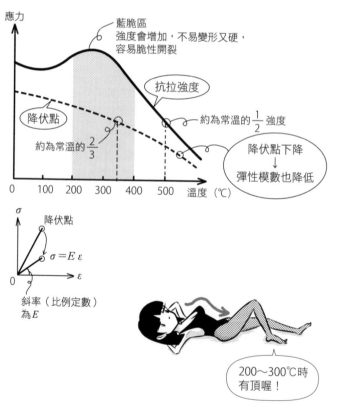

Q 1. 鋼材進行焠火時，強度、硬度、耐磨損性會減少，柔韌度增加。
2. 調質鋼是指在製造工程中，經過焠火、回火等熱處理的鋼材。

A 將鍛燒至橘色的鋼，放入水或油中進行急速冷卻，稱為<u>焠火</u>。強度、硬度、耐磨損性會增加，不易伸長亦無柔韌度，形成脆性（脆性破壞）（**1**為╳）。為了得到柔韌度，要再度鍛燒，稱為<u>回火</u>。調質就是在焠火、回火之間反覆鍛燒，使鐵的組織變質，成為堅硬又有韌性的物質，如此製成的鋼就是<u>調質鋼</u>（heat treated steel，熱處理鋼材）（**2**為○）。鍛燒後慢慢降溫稱為<u>退火</u>，會讓鋼比較軟。鋼筋組合所使用的細鋼絲（柔軟鋼線），就是鍛燒退火所製成的柔軟物質。

9

鋼材

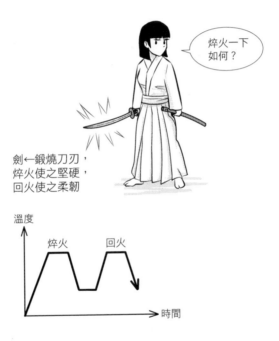

焠火一下如何？

劍←鍛燒刀刃，
焠火使之堅硬，
回火使之柔韌

• 刀劍經焠火、回火反覆鍛燒，可製造出堅硬且不易產生缺口的刀刃。

答案 ▶ 1. ╳　2. ○

將鋼的強度、伸長等和溫度、碳含量的關係彙整一下吧。

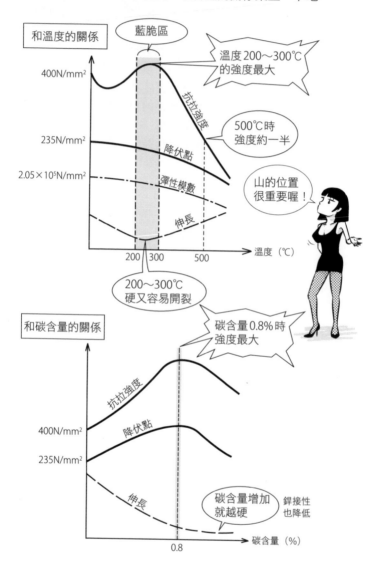

Q 鋼材的硬度和抗拉強度之間有相互關係，藉由維氏硬度等的測量，可以換算成該鋼材的抗拉強度。

....

A 維氏硬度（Vickers hardness）是以決定好角度的正4角錐形（金字塔型）的鑽石，進行擠壓留下壓痕，再由痕跡的大小和力來計算硬度的一種指標。測量痕跡較小的對角線，以角度計算表面積，再以力除以表面積進行計算。硬度的指標除了維氏硬度之外，還有洛氏硬度（Rockwell hardness）、布氏硬度（Brinell hardness）、蕭氏硬度（Shore hardness）等。鋼材的硬度和抗拉強度之間有相互關係，可從硬度計算出抗拉強度（答案為○）。

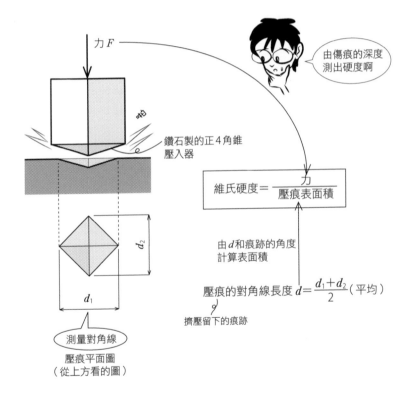

力 F

由傷痕的深度測出硬度啊

鑽石製的正4角錐壓入器

$$維氏硬度 = \frac{力}{壓痕表面積}$$

由 d 和痕跡的角度計算表面積

d_2

d_1

壓痕的對角線長度 $d = \dfrac{d_1 + d_2}{2}$（平均）

擠壓留下的痕跡

測量對角線

壓痕平面圖（從上方看的圖）

9

鋼材

....

答案 ▶ ○

Q 如圖，由建築結構用壓延鋼材切出的
試驗片，受到拉力作用時，此為表示
應力和應變關係的概略圖。請判斷以
下關於圖中a～e點的敘述是否正確。

1. a點為比例限界。

2. b點為彈性限界。

3. c點的應力為下降伏點。

4. d點的應力為抗拉強度。

5. e點為破壞點。

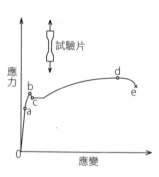

A 鋼的$\sigma-\varepsilon$圖中，從原點開始的直線，在降伏點產生彎折後會保持
一段水平。力為2倍時，伸長也變為2倍，除去力之後會恢復原狀
者為彈性狀態，是從原點開始的比例直線。材料降伏後，有一小段
是在相同力下的變形，不會恢復原狀，稱為塑性狀態。若是以精度
優良的檢測器觀察直線的彎折，可以發現以下四點：在比例結束，
沒有通過原點的直線為<u>比例限界</u>；除去力也不會恢復原狀為<u>彈性限
界</u>；力減少，圖解向下彎折點為<u>上降伏點</u>；圖解彎折成水平，在相
同力下伸長為<u>下降伏點</u>。

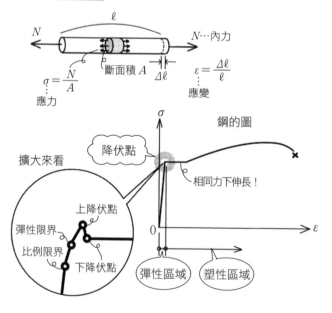

Q 鋼骨結構中，為了提高構架組立的韌性，在預設會塑性化的部位，可以使用降伏比大的材料。

···

A <u>降伏比是降伏點和最大強度之間的比，和頂點相較之下的降伏點的比，即降伏點/抗拉強度</u>。鋼的$\sigma-\varepsilon$圖中，降伏點向右彎折後，有幾乎為水平的降伏平台，通過之後會出現最後的山。降伏比小，表示從降伏點到最大強度有餘裕，從開始塑性變形到破壞之間還有餘裕、有柔韌度、有韌性。降伏比為70%，表示力還有30%的餘裕，95%表示還有5%的力就會到達頂點（最大強度）（答案為✕）。

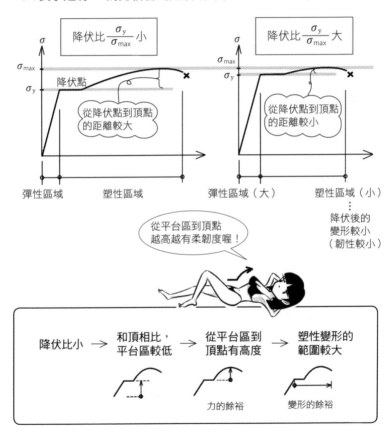

從平台區到頂點越高越有柔韌度喔！

9

鋼材

Q 降伏點240N/mm²、抗拉強度420N/mm²的鋼材，降伏比為1.75。

....

A 降伏比是$\sigma-\varepsilon$圖中，降伏點（降伏平台）和山整體高度的高度
比，因此不會比1大（答案為✕）。抗拉強度為400N/mm²的
SN400、SS400、SM400，降伏比在0.6左右。題目的降伏比為

$$降伏比 = \frac{降伏點\sigma_y}{抗拉強度\sigma_{max}} = \frac{240}{420} \doteqdot 0.57$$

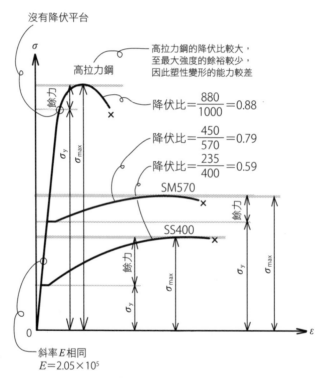

沒有降伏平台

高拉力鋼

高拉力鋼的降伏比較大，
至最大強度的餘裕較少，
因此塑性變形的能力較差

$$降伏比 = \frac{880}{1000} = 0.88$$

$$降伏比 = \frac{450}{570} = 0.79$$

$$降伏比 = \frac{235}{400} = 0.59$$

SM570

SS400

斜率E相同
$E = 2.05 \times 10^5$

山越高，
降伏比越大

塑性變形能力
會降低喔！

....

答案 ▶ ✕

Q 1. 所有種類的鋼材在常溫下的彈性模數都是 $205 \times 10^3 \text{N/mm}^2$ 左右。

2. 鋼材在常溫下的彈性模數，SN490材比SN400材大。

3. 長度10m的鋼材，在常溫下，全長受到 20N/mm^2 的拉應力作用時，長度會伸長約1mm。

....

A 彈性區域內，通過 $\sigma - \varepsilon$ 圖原點的直線，其斜率、比例定數為彈性模數 E。鋼的 E 為 $2.05 \times 10^5 = 205 \times 10^{-2} \times 10^5 = 205 \times 10^3$（$\text{N/mm}^2$）（**1**為○）。

SN（Steel New structure）是建築結構用壓延鋼材，400、490的數字是表示抗拉強度的下限值。就算有製品強度的誤差，也都保證會在這個數字以上。鋼材的最大強度會隨著 $\sigma - \varepsilon$ 圖的山的高度而改變，一開始的直線斜率 E 都會相同（**2**為×）。

3 可將數值代入 $\sigma = E\varepsilon = E \times \dfrac{\text{伸長長度}}{\text{原長}} = E \times \dfrac{\Delta \ell}{\ell}$，求出 $\Delta \ell$。ε 為變化率，分母和分子的單位相除之後，變成沒有單位，σ 和 E 則為相同單位（N/mm^2 等）。

9

鋼材

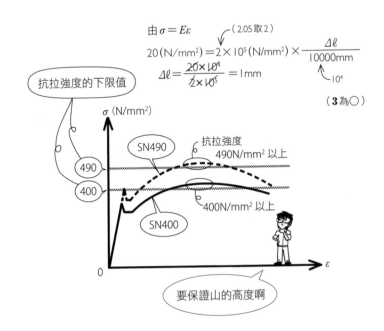

由 $\sigma = E\varepsilon$

（2.05取2）

$20\,(\text{N/mm}^2) = 2 \times 10^5\,(\text{N/mm}^2) \times \dfrac{\Delta \ell}{10000\text{mm}}$

$\Delta \ell = \dfrac{20 \times 10^4}{2 \times 10^5} = 1\text{mm}$

10^4

（**3**為○）

抗拉強度的下限值

$\sigma\,(\text{N/mm}^2)$

SN490

抗拉強度
490N/mm² 以上

490

400

400N/mm² 以上

SN400

ε

0

要保證山的高度啊

....

答案 ▶ 1. ○　2. ×　3. ○

Q 請判斷以下對於鋼材種類的記號和說明是否正確。

1. SN490C ——— 建築結構用壓延鋼材的一種

2. SS400 ——— 一般結構用角形鋼管的一種

3. SNR400B —— 建築結構用壓延鋼棒的一種

4. SM490A —— 銲接結構用壓延鋼材的一種

5. BCP235 ——— 建築結構用冷壓成型角形鋼管的一種

....

A 代表鋼材規格的記號詳列如下：

| SN | 建築結構用壓延鋼材   由SS材、SM材等改良成建築用的新規格 |
| Steel New structure |

| SS | 一般結構用壓延鋼材 |
| Steel Structure |

| SM | 銲接結構用壓延鋼材   marine 有海、船的意思，
是開發作為造船用，易於銲接的鋼 |
| Steel Marine |

| BCR | 建築結構用冷滾軋成型鋼管 |
| Box Column Roll |

| BCP | 建築結構用冷壓成型鋼管 |
| Box Column Press |

| STKN | 一般結構用圓形鋼管 |
| Steel Tube "Kozo" New |

| STKR | 一般結構用方形鋼管 |
| Steel Tube "Kozo" Rectangular |

| SD | 竹節鋼棒（竹節鋼筋） |
| Steel Deformed bar |

| SR | 圓鋼筋 |
| Steel Round bar |

| SNR | 建築結構用壓延鋼棒   SN規格鋼棒 |
| Steel New structure |

| S( )T | 扭剪型高拉力螺栓 |
| Structual joint ( ) Tension   ( ) 內是數字 |

| F( )T | 高拉力六角螺栓 |
| Friction joint ( ) Tension   ( ) 內是數字 |

SD 竹節鋼棒

SR 圓鋼筋

扭剪型高拉力螺栓

高拉力六角螺栓

....

答案 ▶ 1. ○   **2.** ✕   **3.** ○   **4.** ○   **5.** ○

Q 1. SN400B是有降伏比上限規定的鋼材，比起SS400，其塑性變形能力較佳。

2. 構架結構中，柱和梁使用SN490B，小梁則是使用SN400A。

3. SN400A，包含銲接加工時，可以使用在板厚方向承受較大拉應力的構材、部位。

....

A 建築結構用壓延鋼材的SN材，如下分為A種、B種、C種，相較於除了建築以外也常用於一般用途的SS材、SM材，SN材是為了有較高耐震性所開發的材料。

9

鋼材

> ┌─ SN-A　不適合銲接，用在彈性範圍內──→小梁
> │　　(SN400A)
> ┤　 SN-B　塑性變形能力和銲接性皆優良──→構架的柱梁
> │　　(SN400B、SN490B)
> └─ SN-C　板厚方向的抗拉較佳──→隔板
> 　　　(SN400C、SN490C)

壓延時不純物質會往板厚方向延伸，恐因板厚方向的拉力而裂開。C種可以改善這種情況（**3**是C種的説明）。

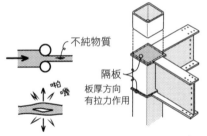

不純物質

隔板

板厚方向
有拉力作用

Q 建築結構用壓延鋼材（SN材）有A、B、C三種，每一種都有夏比吸收能量的規定值。

A 1981年修正的日本建築基準法施行令，規定了在中地震中，各部位的應力要在彈性區域基準以內的1次設計，以及在大地震中，保持在塑性區域，不會馬上破壞的2次設計（新耐震）。其中規定了降伏點和降伏後的變形能力。此外，由於曾發生SM材的鋼板在板厚方向開裂的案例，從而製作出建築結構用的SN材。

夏比衝擊試驗（參見R156）中，藉由測量試驗片開裂後的能量，可以知道其變形性能、延展性。吸收能量越大時，柔韌度越佳，越不容易產生脆性破壞。SN-B、SN-C是需要柔韌度的材料，因此規定夏比吸收能量必須在27J（焦耳）以上，SN-A則是沒有規定（答案為✕）。

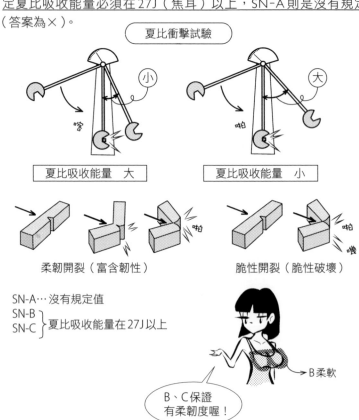

夏比衝擊試驗

夏比吸收能量　大　　　　　　　夏比吸收能量　小

柔韌開裂（富含韌性）　　　　　脆性開裂（脆性破壞）

SN-A⋯沒有規定值
SN-B ⎫
SN-C ⎭夏比吸收能量在27J以上

B柔軟

B、C保證有柔韌度喔！

Q 熱間壓延鋼材的強度，與壓延方向（L方向）或和壓延方向成直角的方向（C方向）相比，板厚方向（Z方向）會比較小。

A 遇熱熔化成橘色的鋼，上下以滾軋擠壓（壓延）製作出鋼板。壓延時上下會施加壓力，鋼的結晶組織或是不純物質會往橫長方向擠壓成型。鋼板不是均質的鋼，容易因板厚方向的拉力而開裂，產生脆性破壞（答案為○）。

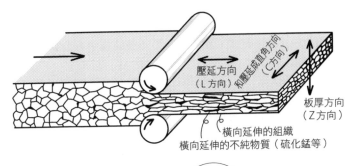

壓延方向（L方向）
和壓延成直角方向（C方向）
板厚方向（Z方向）
橫向延伸的組織
橫向延伸的不純物質（硫化錳等）

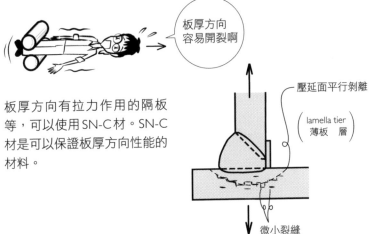

板厚方向容易開裂啊

板厚方向有拉力作用的隔板等，可以使用SN-C材。SN-C材是可以保證板厚方向性能的材料。

壓延面平行剝離

（lamella tier 薄板 層）

微小裂縫

答案 ▶ ○

Q 1. 建築結構用壓延鋼材 SN400 和一般結構用壓延鋼材 SS400，各自的抗拉強度範圍相同。

2. 建築結構用冷滾軋成型角形鋼管 BCR295 的降伏點及承載力下限值為 295N/mm²。

. . . .

A SN、SS 之後所附的數字是表示抗拉強度（最大強度）的下限值。SN400、SS400 都是指抗拉強度在 400N/mm² 以上，即 $\sigma-\varepsilon$ 圖的頂點在 400N/mm² 以上。若是加入抗拉強度的上限值，兩者同樣是在 400～510N/mm² 之間（**1** 為○）。

柱常使用的方型鋼管有 BCR 和 BCP。和一般結構用方型鋼管 STKR（也是冷間成型）相比，更適合作為建築的柱。BCR295、BCP325 的數字是表示降伏點。承載力使用在金屬時，和降伏點幾乎同義，降伏點不明確時，則表示是彈性結束點（**2** 為○）。接續在鋼筋 SD、SR 後面的數字也是降伏點。

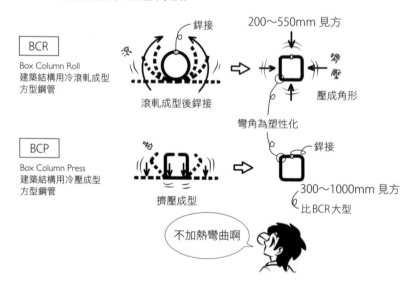

BCR
Box Column Roll
建築結構用冷滾軋成型
方型鋼管

滾軋成型後銲接

200～550mm 見方

壓成角形

彎角為塑性化

BCP
Box Column Press
建築結構用冷壓成型
方型鋼管

擠壓成型

300～1000mm 見方
比 BCR 大型

不加熱彎曲啊

. . . .

答案 ▶ 1. ○　2. ○

Q 1. 常溫彎曲加工的內側彎曲半徑，是板厚的2倍以上。

2. 需要有塑性變形能力的柱和梁等構材，其常溫彎曲加工的內側彎曲半徑是板厚的4倍以上。

3. 鋼材若是以板厚3倍左右的彎曲半徑進行冷間彎曲加工，強度會上升，變形性能和素材相比會下降。

....

A 常溫（冷間）彎曲加工的內側彎曲半徑（彎曲內半徑）要在 <u>2t以上</u>；需要塑性變形能力的部分是 <u>4t以上</u>（**1**、**2**為○）。

$$\begin{cases} r \geqq 2t \\ 需要塑性變形能力 \rightarrow r \geqq 4t \end{cases}$$

$t \cdots$ thickness（厚度）

板彎曲時，外側伸長，內側縮短，施加超過彈性區域的力時，就不會恢復原狀。應變會殘留下來，稱為殘留應變，經過彎曲加工的板或鋼管，都是塑性變形後應變殘留下來的狀態。若再度施力，如下圖右，會和材料原本的圖（點線）不同。強度上升，變形能力下降（**3**為○）。

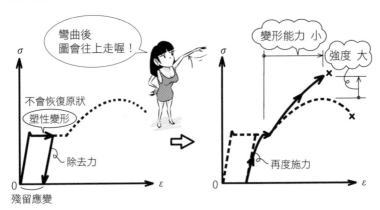

....

Q 冷間成型加工而成的方型鋼管（厚度6mm以上）作為柱使用時，依該鋼材的種別對應於柱及梁的接合部結構方法，需要進行增加內力等措施。

....

A 構架結構使用的重量鋼骨在6mm以上，以薄板彎曲材構成的輕量鋼骨則是不到6mm。冷間彎曲加工產生塑性化，會變硬且失去柔韌度。因此在方型鋼管的彎角部分容易產生脆性（沒有柔韌度）破壞，因應對策為內力要比計算值增加，使柱的承載力降低（答案為○）。

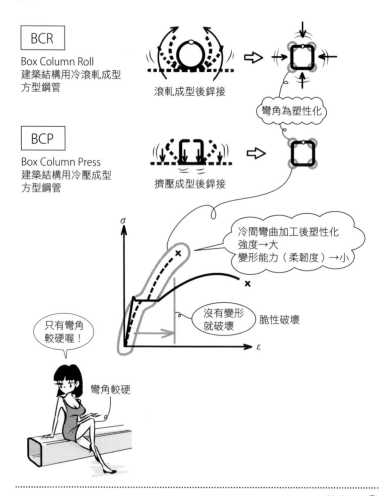

BCR

Box Column Roll
建築結構用冷滾軋成型
方型鋼管

滾軋成型後銲接

彎角為塑性化

BCP

Box Column Press
建築結構用冷壓成型
方型鋼管

擠壓成型後銲接

冷間彎曲加工後塑性化
強度→大
變形能力（柔韌度）→小

沒有變形
就破壞　脆性破壞

只有彎角
較硬喔！

彎角較硬

....

答案 ▶ ○

Q 1. SN400 材的降伏點應力下限值為 400N/mm^2。

　 2. BCR295 材的降伏點應力下限值為 295N/mm^2。

　 3. STKN400 材的降伏點應力下限值為 400N/mm^2。

　 4. SD345 材的降伏點應力下限值為 345N/mm^2。

　 5. 高拉力六角螺栓 F10T 的降伏點應力下限值為 10tf/cm^2 ＝ 1000 N/mm^2。

....

A 附在 SN、BCR 等英文符號後面的數字，有些表示抗拉強度，有些是降伏點。從工廠出貨的製品會有誤差，但都保證有其下限值。

9

鋼材

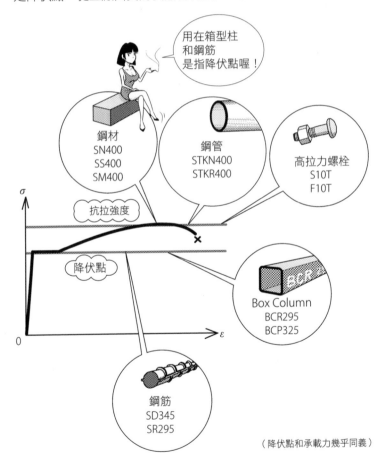

（降伏點和承載力幾乎同義）

....

答案 ▶ 1. ╳　2. ○　3. ╳　4. ○　5. ╳

Q 1. 內力在容許應力以下，為了讓小梁的撓度更小，若為相同斷面尺寸，要變更成降伏強度較大的材料。

2. 剛結構中，取代 SN400 材，使用同一斷面的 SN490 材時，不會有彈性變形較小的效果。

....

A 以兩端固定的最大撓度公式來看，是由荷重 W、跨距 ℓ、彈性模數 E、斷面二次矩 I 來決定撓度 δ。鋼的 E 是 2.05×10^5 為定值。撓度若要小，必須讓梁深高、I 要大、跨距 ℓ 要短，梁的支撐荷重 W 要小。梁的強度或降伏點改變時，E 都相同，不會有 δ 變小的效果（**1** 為×，**2** 為○）。

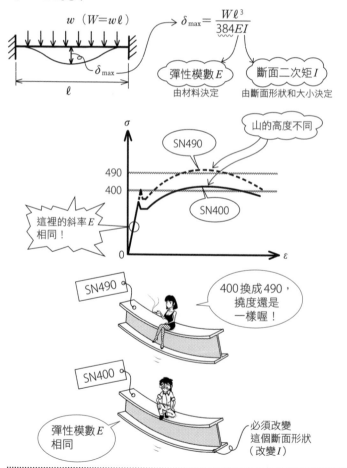

答案 ▶ 1. ×　**2.** ○

Q 1. 隨著鋼材溫度上升，會使降伏點降至常溫時的2/3的溫度，一般結構用鋼材約為350℃，耐火鋼（FR鋼）約600℃以上。

2. 在常溫下，耐火鋼（FR鋼）的彈性模數、降伏點、抗拉強度等，和同一種類的一般鋼材幾乎相同。

A 鋼是強度和柔韌度優良的材料，缺點是在火災的熱之下會變得像糖果一樣柔軟，而且會生鏽。為了抵抗（resistant）火（fire）所開發出來的就是<u>耐火鋼</u>（FR鋼，fire resistant steel）。<u>降伏點成為2/3時，一般的鋼約350℃，FR鋼則為600℃以上</u>。常溫時的強度、降伏點、彈性模數，和同一種類的一般鋼材幾乎相同（**1、2為○**）。可以製作出無須耐火披覆，或是較薄的耐火結構。<u>不管是一般的鋼或FR鋼，降伏點都會隨著溫度下降，強度在300℃附近時會有山的最高點</u>（參見R158）

9
鋼材

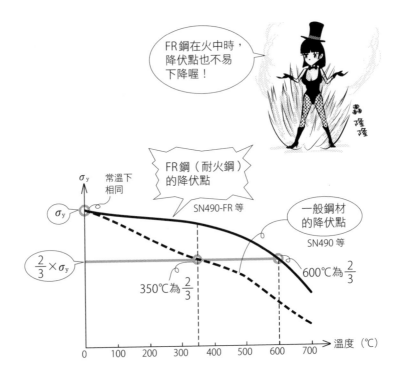

FR鋼在火中時，降伏點也不易下降喔！

FR鋼（耐火鋼）的降伏點

SN490-FR 等

一般鋼材的降伏點

SN490 等

σ_y　常溫下相同

σ_y

$\frac{2}{3} \times \sigma_y$

350℃為$\frac{2}{3}$

600℃為$\frac{2}{3}$

溫度（℃）

0　100　200　300　400　500　600　700

答案 ▶ 1. ○　2. ○

Q 1. 鋼材的基準強度 F 的數值，是從鋼材的降伏點、抗拉強度的70% 中，取較小值。

2. 斜撐材使用厚度40mm以下的SN400B材時，基準強度為235 N/mm²。

3. 一般結構用壓延鋼材SS400使用厚度25mm時，基準強度為 235N/mm²。

....

A 基準強度 F，是在求取不可超過的法定容許應力時，作為基準的強 度。鋼材的 F 是從降伏點、抗拉強度的70%中，取較小值（**1**為 ○）。在 $\sigma-\varepsilon$ 圖中，由降伏點的高度、頂點 × 0.7 之中，取較低者 作為 F。

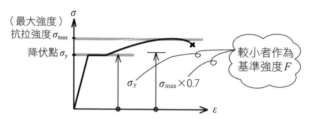

SN400、SS400、SM400，抗拉強度（$\sigma-\varepsilon$ 圖的頂點的高度）皆為 400N/mm²，故 400 × 0.7 ＝ 280N/mm²，降伏點都是235N/mm²，因 此 F 值是較小的235N/mm²（**2**、**3**為○）。

F 值		厚度≦40mm	40mm＜厚度≦100mm
	SN400 (A、B、C)	235	215
	SS400	235	215
	SM400	235	215

（N/mm²）

SN400的 F 是235！

....

答案 ▶ 1. ○　2. ○　3. ○

Q 同樣由鋼塊壓延而成的鋼材,比起板厚較厚者,板厚較薄者的降伏點比較高。

A 將高溫融化的鋼,通過壓延機的滾輪壓製成型者,為<u>壓延鋼</u>。同樣由鋼壓延成型者,依厚度不同,降伏點和以此訂定的基準強度 *F* 多少會有誤差。薄材有較細的縫隙,比起厚材,其組織為高密度化。壓得越薄,密度越高,降伏點就越高(答案為○)。

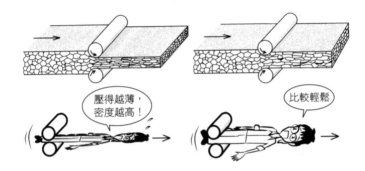

基準強度 *F*(≒降伏點) 　　　　　　　　　　　　　　　　　(N/mm²)

	厚度≦40mm	40mm<厚度≦100mm
SN400(A、B、C)	235	215
SS400	235	215
SM400	235	215

　　　　　　　較薄　降伏點 σ_y 大　　　　　較厚　降伏點 σ_y 小

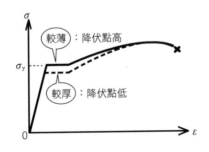

── Point ──────────────────
板厚較薄→降伏點 σ_y、基準強度 *F*　大

Q **1.** 鋼材的長期容許應力，以基準強度 F 為基準，壓力、拉力、彎曲為 $\frac{F}{1.5}$，剪力為 $\frac{F}{1.5\sqrt{3}}$。

2. 鋼材的長期容許剪應力，是長期容許拉應力的 $1/\sqrt{3}$。

3. SN400 的短期容許應力是長期容許應力的 2 倍。

A 結構計算所得到的各部位應力，都要在容許應力以下。鋼不管是壓力還是拉力，都是相同的 $\sigma-\varepsilon$ 圖，容許應力也相同。彎矩可以分解成壓力、拉力的應力，因此彎曲應力會和壓力、拉力相同。<u>只有容許剪力不一樣，沿著斷面作用，是以其他容許應力乘上 $\frac{1}{\sqrt{3}}$</u>。

只有垂直荷重（長期荷重）的情況下，$\frac{F}{1.5}$（$=\frac{2}{3}F$），有 $\frac{1}{3}F$ 是 F（$\fallingdotseq\sigma_y$）所保有的餘裕。另一方面，垂直荷重加上水平荷重時就是 F，降伏點 σ_y（或是抗拉強度×0.7）完全耗盡。

鋼材的容許應力

長期容許應力				短期容許應力			
壓力	拉力	彎曲	剪力	壓力	拉力	彎曲	剪力
$\frac{F}{1.5}$	$\frac{F}{1.5}$	$\frac{F}{1.5}$	$\frac{F}{1.5\sqrt{3}}$	長期的1.5倍			

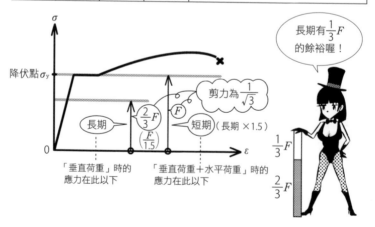

答案 ▶ **1.** ○　**2.** ○　**3.** ×

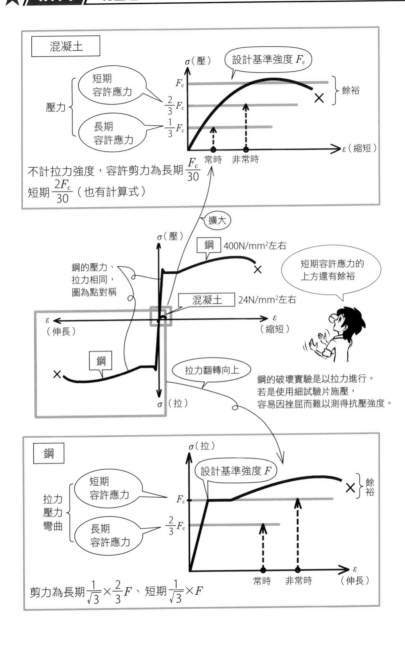

混凝土

短期
容許應力

壓力

長期
容許應力

σ（壓）

設計基準強度 F_c

F_c

$\frac{2}{3}F_c$

$\frac{1}{3}F_c$

餘裕

常時　非常時

ε（縮短）

不計拉力強度，容許剪力為長期 $\dfrac{F_c}{30}$

短期 $\dfrac{2F_c}{30}$（也有計算式）

擴大

σ（壓）

鋼 400N/mm²左右

鋼的壓力、
拉力相同，
圖為點對稱

混凝土 24N/mm²左右

短期容許應力的
上方還有餘裕

ε
（伸長）

ε
（縮短）

鋼

拉力翻轉向上

鋼的破壞實驗是以拉力進行。
若是使用細試驗片施壓，
容易因挫屈而難以測得抗壓強度。

σ（拉）

鋼

短期
容許應力

拉力
壓力
彎曲

長期
容許應力

σ（拉）

設計基準強度 F

F_c

$\frac{2}{3}F_c$

餘裕

常時　非常時

ε
（伸長）

剪力為長期 $\dfrac{1}{\sqrt{3}}\times\dfrac{2}{3}F$、短期 $\dfrac{1}{\sqrt{3}}\times F$

Q **1.** 計算極限水平承載力時，在鋼材使用JIS規格製品的條件下，要增加設計基準強度。

2. 在鋼筋混凝土結構的極限水平承載力計算中，若是計算梁的彎曲強度，主筋適合使用JIS的SD345，設計基準強度是規範值的1.1倍。

....

A 計算各層的極限水平承載力 Q_u，確認都在加速度1G所產生的層剪力 Q_{un} 以上，就是極限水平承載力計算。計算 Q_u 時，先算出表示梁端部或柱腳在多少彎矩作用下會產生塑鉸的降伏彎矩 M_p。M_p 是使用降伏點應力 $\sigma_y = F$（設計基準強度）而得。此 F 值若為JIS規格的鋼材，要增加1.1倍（建告，**1**、**2**為○）。

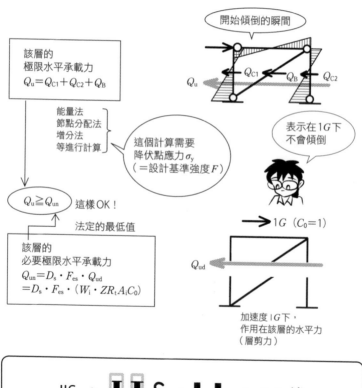

JIS → **JIS** → **1.1** → 1.1 倍

....

Q **1.** 建築結構用不鏽鋼材 SUS304A 的 $\sigma-\varepsilon$ 圖中，沒有明確的降伏點。

　　2. 由於 SUS304A 的降伏點不明確，是以 0.1% 偏移降伏強度來決定
　　基準強度。

　　3. 相較於其他不鏽鋼，SUS304A 的銲接性較優良。

....

A 不鏽鋼（stainless steel）是含有鉻 18%、鎳 8%（俗稱 18-8 不鏽鋼）
的鋼，stain（污漬，此指生鏽）less（較少的），就如名稱所示，是
不易生鏽的鋼。SUS304 的銲接性能提升後成為 SUS304A（**3** 為
○），數字 304 是規格號碼，不是對應於強度、降伏點。SUS304A
沒有明確的降伏點、降伏平台（圖的水平部分），如下圖將 ε 向右
偏移 0.1%，該直線和圖的交點，0.1% 偏移降伏強度就是假定的降伏
點。就像高拉力鋼或加工後的鋼筋（參見 R049）等，當降伏點不
明確時，使用 0.2% 偏移降伏強度（**1**、**2** 為○）。

9

鋼
材

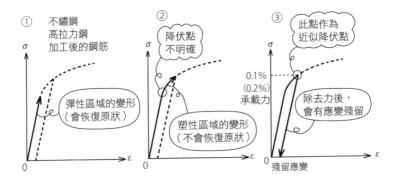

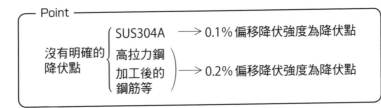

Q 作為結構用不鏽鋼材SUS304A的基準強度，和板厚40mm以下的
SN400B相同。

....

A SUS304A沒有明確的降伏點，是以0.1%偏移降伏強度作為假定降
伏點，該點就是基準強度。另一方面，SN材、SS材、SM材有降伏
平台，降伏點也很明確，是從降伏點和抗拉強度的70%之中，取較
小者作為基準強度。不管是SUS304A或SN400B，基準強度都是
235N/mm²（答案為○）。

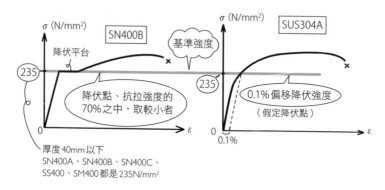

• SUS304A和頂點（520N/mm²）相比，0.1%偏移降伏強度（235N/mm²）
較低，降伏比會較小。

....

Q 建築結構用不鏽鋼SUS304A的彈性模數，比普通鋼SS400還要小。

A 不鏽鋼SUS304A的彈性模數 E，
比鋼小一些，具有比鋼易於變形
的性質（答案為○）。鋁的彈性
模數約為鋼的1/3，混凝土約為
鋼的1/10。

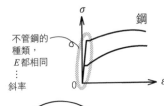

不管鋼的
種類，
E 都相同
…
斜率

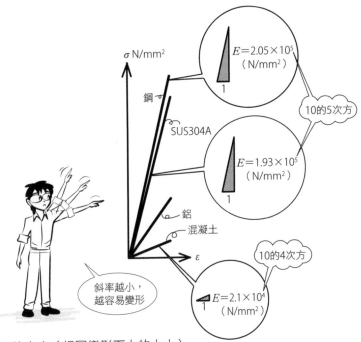

E 的大小（相同變形下力的大小）
鋼＞不鏽鋼＞鋁＞混凝土

鋼	$E≒2.05×10^5$
鋁合金	$E≒0.7×10^5$
混凝土	$E≒2.1×10^4$

$\frac{1}{3}$ 倍

$\frac{1}{10}$ 倍

答案 ▶ ○

9
鋼材

Q **1.** 建築結構用不鏽鋼 SUS304A 的線膨脹係數，比普通鋼 SS400 還要小。

　　 2. 建築結構用不鏽鋼 SUS304A 和其他不鏽鋼相比，有著結構構架組立中不可或缺的優良銲接性。

A 混凝土和鋼的線膨脹係數都是 1×10^{-5}/℃（參見 R037）。由於對熱有相同的伸縮反應，才能形成鋼筋混凝土。

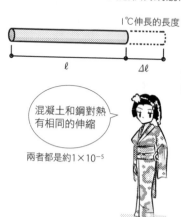

I℃伸長的長度

沒有長度單位

$$線膨脹係數 = \frac{\Delta \ell}{\ell} (/℃)$$

混凝土、鋼的
線膨脹係數 = 1×10^{-5} (/℃)

混凝土和鋼對熱
有相同的伸縮

兩者都是約 1×10^{-5}

和鋼相比，鋁約為 2 倍，不鏽鋼約為 1.5 倍，因此對熱具有易於伸長的性質（**1** 為 ×）。由下面的 Point 可知，鋼不管是對熱還是對力，都是難以變形的優良材料。

┌─ Point ─────────────────────────

線膨脹係數 ……　　鋼　　≒　混凝土　＜　不鏽鋼　＜　　鋁
（熱的變形難易度）　（1×10^{-5}）　　　　　　（1.7×10^{-5}）　（2.3×10^{-5}）

彈性模數 E ……　　鋼　　＞　不鏽鋼　＞　　鋁　　＞　混凝土
（力的變形困難度）（2.05×10^{5}）　（1.93×10^{5}）　（0.7×10^{5}）　（2.1×10^{4}）

└─────────────────────────────

建築結構用不鏽鋼 SUS304A 有進行成分調整，使之易於銲接（**2** 為 ○）。此外，也有優良的耐火性、耐低溫性。

┌─ Point ─────────────────────────

SUS304A ⇨ 耐腐蝕性、銲接性、耐火性、耐低溫性　○

└─────────────────────────────

答案 ▶ **1.** ×　　**2.** ○

Q 1. 鋼的比重約為鋁的3倍。
　2. 鋁的比重和鋼相比，輕了約1/3，強度也較小。
　3. 鋁的彈性模數約為鋼的1/3。

....

A 比重是和水相比的重量，水的比重是1，鋼是7.85，RC是2.4，鋁是2.7，玻璃則是2.5（**1**為○）。1m³水的重量（正確來說是質量）為1t（噸），以重量考量較方便。比重附有t，表示是1m³的重量。比重小於1，會浮在水上。

水
比重 1

鋼
7.85

RC
2.4

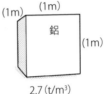
(1m)　(1m)
鋁
(1m)
2.7 (t/m³)

比強度（specific strength）是和重量相比的強度，即強度/比重。鋁或木材（比重0.5左右）的比重較小，因此比強度會比鋼大（**2**為×）。

彈性模數E是σ−ε圖的斜率，鋁約為鋼的1/3（**3**為○）。

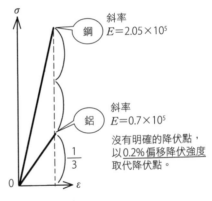

斜率
$E = 2.05 \times 10^5$
鋼

斜率
$E = 0.7 \times 10^5$
鋁

沒有明確的降伏點，以0.2%偏移降伏強度取代降伏點。

鋁較輕，但容易變形喔！

┌─ Point ──────────────

鋁

較輕…………比重
力的變形難易度 ……彈性模數E
　　　　　　　　　　　鋼的 $\frac{1}{3}$

熱的變形難易度 ……線膨脹係數……鋼的2倍

....

答案 ▶ 1. ○　2. ×　3. ○

9
鋼材

Q 1. 高拉力螺栓使用在鋁合金材的梁接合時，為了避免接觸腐蝕，會使用熱鍍鋅高拉力螺栓。

2. 鋁塗料可以反射熱能，防止基礎材料溫度上升，適合塗裝在鋼板屋頂或設備配管等。

A 金屬遇水時會放出電子（帶負電），自身成為陽離子且溶於水的性質。此為金屬的離子化傾向，其大小關係為離子化列（如下表）。K、Ca、Na 在常溫下也會和水有激烈的反應，Pb 對熱水有反應，Au 在海水中不會溶化也不會生鏽。建築中常用的 Al、Zn、Feu 具有中等程度的離子化傾向。

```
┌─ Point ──────────────────────────────────────────────┐
│                                                        │
│  離子化傾向大                          離子化傾向小      │
│  （容易氧化）                          （不易氧化）      │
│                                                        │
│  K  Ca  Na  Mg  [Al][Zn][Fe] Ni  Sn [Pb](H)[Cu] Hg  Ag  Pt  Au │
│  鉀  鈣  鈉  鎂   鋁  鋅  鐵  鎳  錫  鉛  氫  銅  汞  銀  鉑  金 │
│                                              （水銀）   │
└────────────────────────────────────────────────────────┘
```

□內是建築常用的金屬

離子化傾向不同的 Al 和 Fe 接觸時，$Al \rightarrow Al^{3+} 3e^-$ 和水產生離子化溶解，放出電子 e^-，e^- 流至 Fe 側，和水的 H^+ 反應生成 H_2。金屬離子化產生溶解腐蝕，稱為電腐蝕，離子化傾向大不相同的金屬接觸時，電流會依電池的原理流動，容易產生電腐蝕反應。若在 Fe 表面進行熱鍍鋅，形成氧化鋅薄膜，可以阻擋生鏽的進行。Al 和 Fe 的接觸面被氧化鋅薄膜阻斷，就可以防止電腐蝕發生（**1** 為○）。鋁製窗框則是利用 Al 的氧化薄膜防止生鏽。

鋁具有反射熱能的性質，塗裝在屋頂材等可以隔熱（**2** 為○）。或是裝設在斷熱材的單側，能反射牆體內中空層的熱輻射。

答案 ▶ 1. ○　2. ○

Q **1.** F10T的高拉力螺栓，抗拉強度為1000～1200N/mm²。

　　2. H型鋼作為梁的現場接合部時，可以使用不會產生延遲破壞的 F10T高拉力螺栓。

....

A JIS 規定的高拉力螺栓有 F8T、 F10T、F11T。F10T的10是表示 抗拉強度的下限值為10tf/cm²， 換算成牛頓則為1000N/mm²。 規範值訂在1000～1200N/mm² （**1**為○）。螺栓軸的粗細有 M12、M16、M20……等，附有 M代表為公制的螺栓，表示直徑 為12mm、16mm、20mm。

高拉力六角螺栓（JIS）

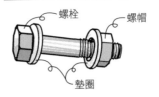

螺栓　　螺帽

墊圈

friction　摩擦

tension（tensile strength）

拉力

F ⎡10⎤ T

10tf/cm²＝10・10kN/（10mm）²
　　　　＝1000N/mm²

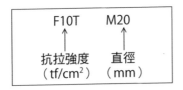

F10T　　　M20

抗拉強度　　直徑
（tf/cm²）　（mm）

扭剪型高拉力螺栓不是JIS的規 定，而是日本鋼結構協會規範的 高拉力螺栓，S10T和F10T有相 同性能。

延遲破壞（delayed fracture）是 指在靜荷重作用一段時間後，突 然產生破壞的現象，原因是進入 鋼的氫使之脆化。F11T延遲破 壞的報告很多，因此實際上是禁 止使用的，較常使用的是F10T （**2**為○）。

扭剪型高拉力螺栓

圓形　墊圈1個　　長尾部
　　　　　　　　（pintail）

S ⎡10⎤ T

10tf/cm²＝1000N/mm²

10

接合

....

答案 ▶ 1. ○　2. ○

Q 高拉力螺栓 F10T 的基準強度為 900N/mm²。

....

A <u>基準強度</u>是基準法所訂定的材料強度基準值，F10T 規定為 900N/mm²（告示，答案為○）。<u>鋼的基準強度</u>一般是指降伏點，但高拉力鋼、高拉力螺栓等降伏點不明確的情況下，是以<u>偏移降伏強度</u>作為基準強度。<u>基準拉力 T_0</u>是在施工初期導入拉力或摩擦力計算的值，依告示規定。

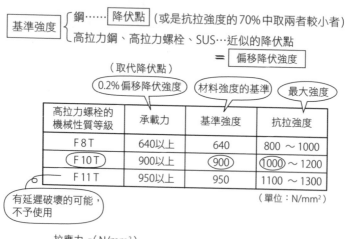

高拉力螺栓的 機械性質等級	承載力	基準強度	抗拉強度
F 8 T	640以上	640	800 ～ 1000
F 10 T	900以上	900	1000 ～ 1200
F 11 T	950以上	950	1100 ～ 1300

（單位：N/mm²）

有延遲破壞的可能，不予使用

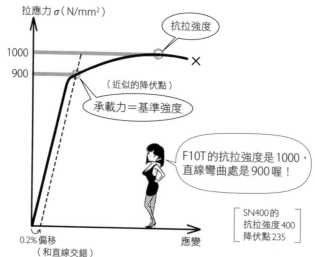

....

答案 ▶ ○

Q **1.** 高拉力螺栓以摩擦接合時，最重要的是確保鎖固的力量，使用螺栓、螺帽、墊圈為一個組合。

2. 高拉力螺栓以摩擦接合時，每1根螺栓的滑動承載力，不必考慮接合面的狀態，由剪力面的數量和初期導入拉力來求得。

3. 高拉力螺栓以摩擦接合時，若摩擦面的密合度不佳，滑動承載力會明顯下降。

A JIS中規定，高拉力螺栓是以六角螺栓、六角螺帽、平墊圈為一個組合（**1**為○）。高拉力螺栓的摩擦接合，會隨著接合面狀態的最大摩擦力＝滑動承載力而大幅改變（**2**為×）。除去浮鏽、黑皮（黑鏽）、灰塵、油、塗料（無須防鏽）、銲濺物（spatter：銲接中飛散的金屬粒）等，<u>在只有產生紅鏽的狀態下進行接合。熱鍍鋅表面要進行噴砂處理</u>（凹凸不平）。螺栓孔周圍若有毛邊或下垂等，會影響接合面的密合度，可使用研磨機等削除（**3**為○）。

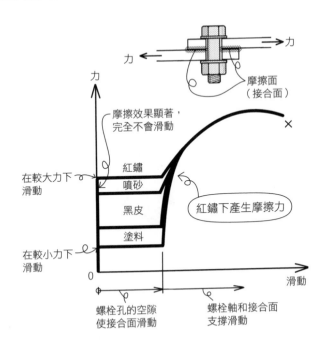

答案 ▶ 1. ○　2. ×　3. ○

10

接合

Q 高拉力螺栓以摩擦接合時，空隙為2mm，母材和連接鈑之間可以放入經過相同表面處理的填充板。

....

A 接合面（摩擦面）的間隙（空隙）超過1mm時，要放入填充板。
filler是指用以填充（fill）間隙的板，即填充板（filler plate）。填充板和其他接合面相同，一樣以紅鏽或噴砂進行表面處理，產生摩擦力（答案為○）。

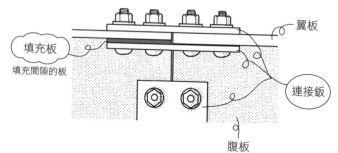

鋼板（plate）依使用的場所不同，有許多不同的名稱。除了填充板之外，還有連接鈑（splice plate）、角板（gusset plate）、加勁板（stiffener）、隔板（diaphragm）、翼板、腹板等，一起記下來吧。

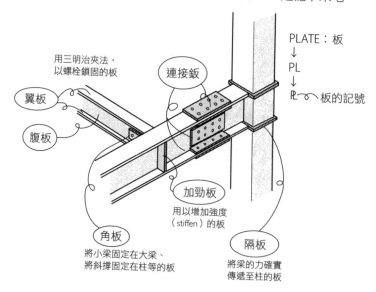

答案 ▶ ○

Q 1. 高拉力螺栓的摩擦接合，是利用螺栓軸部的剪力和母材的支承壓力進行內力傳遞的接合方法。

2. 高拉力摩擦接合的接合部容許應力，是以鋼材間鎖固的摩擦力和高拉力螺栓的剪力之和，進行內力傳遞的計算。

....

A 高拉力螺栓是能夠承受高拉力的螺栓，利用拉力產生的摩擦來接合者，就是高拉力摩擦接合。下圖中，高拉力螺栓受到拉力 T 作用時，接合面會有和 T 互相平衡的壓力 C 作用。上下的鋼板在左右有拉力 P 時，接合面會有和 P 互相平衡的摩擦力 R 作用。P 增加時，R 也增加。另外，螺栓的穿孔會比螺栓的軸徑大，一旦進行摩擦接合，鋼板就完全不能左右移動，因此從鋼板不會有力傳遞至螺栓軸（**1**、**2** 為 ×）。

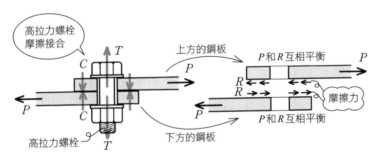

普通螺栓的接合，在拉力 P 左右作用時，鋼板容易錯動碰到螺栓軸。螺栓軸會受到鋼板的支承壓力（局部壓力）作用，和螺栓軸的剪力 Q 互相平衡（**1** 為普通螺栓的說明）。

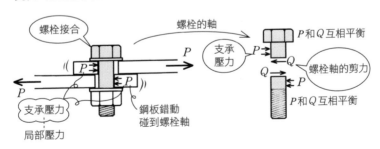

....

答案 ▶ 1. ×　2. ×

Q 高拉力螺栓的摩擦接合，在短期荷重作用下，是利用螺栓軸部的剪力和母材的支承壓力進行內力傳遞的接合方法。

A <u>長期荷重是常時作用的重量，即<u>垂直荷重</u>。<u>短期荷重</u>是地震或颱風等非常時作用的<u>水平荷重和垂直荷重的合計</u>。高拉力螺栓摩擦接合，就算在非常時（短期荷重）下，鋼板之間的摩擦也必須有效果（答案為×）。受到更大的力量作用時，摩擦無法對應，鋼板就會滑動。螺栓的孔會有餘裕，此餘裕讓鋼板在滑動後，碰到螺栓軸而停住。之後就是靠螺栓軸，以及鋼板碰到螺栓軸部分的努力，在破壞前傳遞力量。

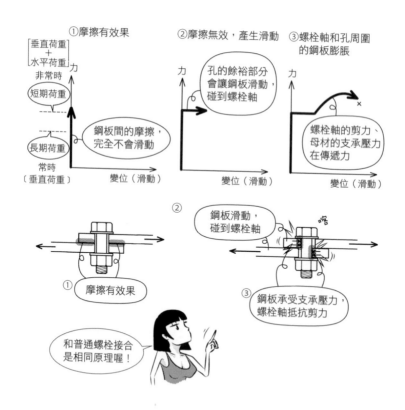

① 摩擦有效果

垂直荷重 + 水平荷重 力
非常時
短期荷重
鋼板間的摩擦，完全不會滑動
長期荷重
常時〔垂直荷重〕
變位（滑動）

② 摩擦無效，產生滑動

力
孔的餘裕部分會讓鋼板滑動，碰到螺栓軸
變位（滑動）

③ 螺栓軸和孔周圍的鋼板膨脹

力
螺栓軸的剪力、母材的支承壓力在傳遞力
變位（滑動）

② 鋼板滑動，碰到螺栓軸

① 摩擦有效果

③ 鋼板承受支承壓力，螺栓軸抵抗剪力

和普通螺栓接合是相同原理喔！

• 高拉力螺栓和普通螺栓併用時，高拉力螺栓的鎖固使板不會滑動，普通螺栓則無法產生效果。併用時無法進行內力分擔。

答案 ▶ ×

Q 1. 高拉力螺栓摩擦接合的接合部，若是在滑動承載力以下反覆作用的內力，可以不必考慮螺栓拉力的降低、摩擦面的狀態變化。

2. 普通螺栓不會用在承受振動、衝擊及反覆內力作用的接合部。

A 高拉力螺栓摩擦接合，是對滑動承載力以下的摩擦有效，一動也不動。因此就算內力反覆作用，螺栓拉力和摩擦面也不會有變化（**1** 為○）。另一方面，普通螺栓接合中，力的方向改變時，螺栓軸承受的支承壓力方向也會改變，疲勞後的拉力也有改變的可能，接合面也會反覆滑動，造成摩擦力的降低（**2** 為○）。

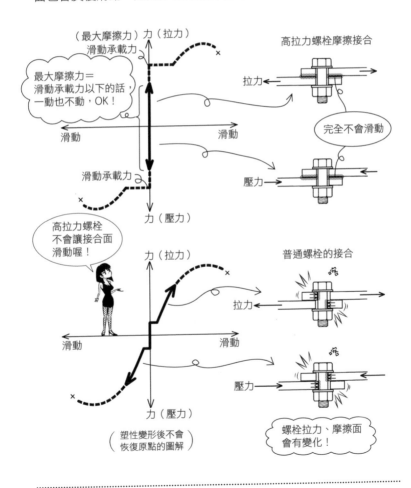

Q **1.** 高拉力螺栓摩擦接合部的容許剪應力，其滑動係數規定是0.45。

　　2. 熱鍍鋅高拉力螺栓摩擦接合的容許剪應力，其滑動係數規定是0.4。

....

A 物體橫向滑動時，較小力會和摩擦力互相平衡，不會移動。力越大時，摩擦力也越大，在超過最大摩擦力的瞬間，物體產生移動。<u>最大摩擦力可由摩擦面狀態所決定的摩擦係數，與物體垂直的反作用力，即垂直反力，兩者的乘積求得。</u>

滑動係數和摩擦係數幾乎同義。滑動係數所使用的力＝垂直反力。<u>紅鏽狀態的面是0.45，熱鍍鋅表面比紅鏽面容易滑動，為0.4（**1**、**2**為○）。</u>熱鍍鋅表面必須進行<u>噴砂處理</u>[*]，摩擦力會較大。

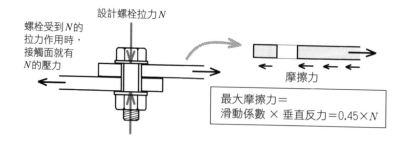

＊噴砂處理：將鐵粉、砂以強風吹覆（blast），製造細小傷痕。

....

答案 ▶ **1.** ○　　**2.** ○

Q **1.** 高拉力螺栓摩擦接合部（除去浮鏽的紅鏽面），1面摩擦剪力的短期容許剪應力是高拉力螺栓基準拉力的0.45倍。

　　2. 高拉力螺栓摩擦接合部（除去浮鏽的紅鏽面），1面摩擦剪力的長期容許剪應力是高拉力螺栓基準拉力的0.3倍。

....

A ①螺栓拉力是以基準拉力（T_0，依種別為400N/mm² 等，在告示中有規定）乘上螺栓軸的斷面積而得。

$$\boxed{\text{設計螺栓拉力 } N} = \text{螺栓斷面積} \times \text{基準拉力}$$

$$= \left\{ \pi \left(\frac{d}{2} \right)^2 \right\} \times T_0 = \underset{\text{圓的面積}}{\frac{\pi d^2}{4} T_0} \quad \begin{bmatrix} \text{diameter} \\ d\text{是螺栓的直徑,} \\ \text{M20 表示直徑為} \\ \text{20mm 的公制螺栓} \end{bmatrix}$$

②高拉力螺栓的最大摩擦力，可用摩擦面的垂直反力（＝拉力）乘上滑動係數（≒摩擦係數）0.45求得。

$$\boxed{\text{最大摩擦力}} = \text{滑動係數} \times \text{垂直反力} = 0.45 \times N = 0.45 \times \frac{\pi d^2}{4} T_0$$

③使用1根螺栓時的1面剪力（1面摩擦）如上述，螺栓變成2根、3根、4根就是2倍、3倍、4倍。摩擦面2面時，螺栓4根就是$2 \times 4 = 8$倍。

④此時剪應力不是指螺栓軸的剪力，而是接合面之間的剪力作用，換算成螺栓每1mm² 軸斷面的值。短期是最大摩擦力，長期則是和其他鋼材相同，為短期的2/3。

$$\begin{cases} \text{短期容許剪應力} = \dfrac{\text{接合面之間的最大摩擦力}}{\text{螺栓軸斷面積}} \\[4mm] \qquad\qquad = \dfrac{0.45 \times \frac{\pi d^2}{4} T_0}{\frac{\pi d^2}{4}} = \underline{0.45 T_0} \quad (\text{1為○}) \\[6mm] \text{長期容許剪應力} = \dfrac{2}{3} \times 0.45 T_0 = \underline{0.3 T_0} \quad (\text{2為○}) \end{cases}$$

10

接
合

....

答案 ▶ **1.** ○　　**2.** ○

Q 高拉力螺栓摩擦接合的接合部，剪力和拉力同時作用時，內力作用的方向不同，容許剪應力不會減小。

A 螺栓受到軸方向拉力作用時，摩擦面的壓力會變小。變小的壓力×滑動係數，最大摩擦力跟著減小，對應的剪應力也會減小（答案為×）。

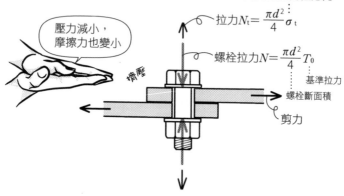

外力造成的拉應力

拉力 $N_t = \dfrac{\pi d^2}{4}\sigma_t$

螺栓拉力 $N = \dfrac{\pi d^2}{4}T_0$

基準拉力

螺栓斷面積

剪力

壓力減小，摩擦力也變小

摜壓

- 摩擦面的壓力＝螺栓拉力 N －外力造成的拉力 N_t

$$= \frac{\pi d^2}{4}T_0 - \frac{\pi d^2}{4}\sigma_t = \frac{\pi d^2}{4}(T_0 - \sigma_t)$$

- 最大摩擦力　＝0.45×摩擦面的壓力

$$=0.45 \cdot \frac{\pi d^2}{4}(T_0 - \sigma_t)$$

- 每單位斷面積的最大摩擦力＝$\dfrac{\text{最大摩擦力}}{\text{螺栓軸斷面積}}$
（每 1mm²）

$$= \frac{0.45 \cdot \dfrac{\pi d^2}{4}(T_0 - \sigma_t)}{\dfrac{\pi d^2}{4}} = 0.45(T_0 - \sigma_t)$$

- $\begin{cases}\text{短期容許剪應力}=0.45(T_0 - \sigma_t) \\ \text{長期容許剪應力}=\dfrac{2}{3}\cdot 0.45(T_0 - \sigma_t)=0.3(T_0 - \sigma_t)\end{cases}$

  基準法中，使用公式 $0.45(T_0 - \sigma_t)=0.45T_0\left(1 - \dfrac{\sigma_t}{T_0}\right)$

答案 ▶ ×

Q **1.**高拉力螺栓摩擦接合時，2面摩擦的容許剪力是1面摩擦容許剪
力的2倍。

　　2.F10T的高拉力螺栓摩擦接合，若是使用相同直徑的螺栓，1面摩
擦使用4根鎖固的容許剪力，會和2面摩擦使用2根鎖固的情況
有相同數值。

....

A 施加相同拉力時，作用在各摩擦面的最大摩擦力＝0.45×拉力，若
有2面就是2倍（**1**為○）。

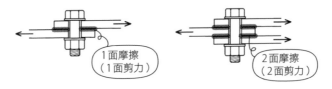

摩擦力的最大值可由垂直反力 N（＝螺栓拉力）×滑動係數0.45求
得。1根的最大摩擦力是0.45N，2根的最大摩擦力是2×(0.45N)，
2根就有2倍。

1面摩擦使用1根鎖固作為1
時，1面摩擦有4根就是1×4
＝4，2面摩擦使用2根鎖固就
是2×2＝4，摩擦的力會相
同（**2**為○）。2面摩擦亦可稱
為2面剪力。

> **Point**
> **1面摩擦1根**…1×1＝1
> **1面摩擦2根**…1×2＝2
> **2面摩擦1根**…2×1＝2
> **2面摩擦2根**…2×2＝4

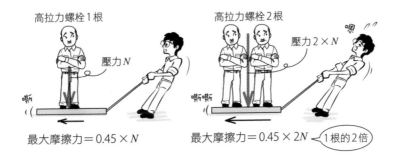

....

答案 ▶ 1. ○　2. ○

10
接合

Q 如圖在2片鋼板使用4根高拉力螺栓進行摩擦接合時，請求出和接合部的短期容許剪力相等時的拉力 P(N)值。每1根螺栓的1面摩擦長期容許剪力為47kN。

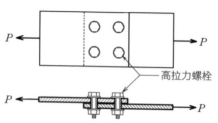

高拉力螺栓

P ← 　　　　→ P

A 鋼的短期容許應力為 F 時，長期常為 $\frac{2}{3}F(\frac{F}{1.5})$，高拉力螺栓接合部的容許剪力也相同。

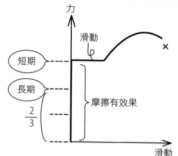

力

滑動

短期

長期

摩擦有效果

$\frac{2}{3}$

滑動

①1面摩擦使用1根鎖固的短期容許剪力＝R_1

> 長期是短期的 $\frac{2}{3}$ 倍 ($\frac{1}{1.5}$ 倍)

②1面摩擦使用1根鎖固的長期容許剪力＝$\frac{2}{3}R_1$＝47kN ← 由題目可知

　　$\therefore R_1 = \frac{3}{2} \cdot 47 = 70.5$kN

③1面摩擦使用4根鎖固的短期容許剪力＝ $4 \times R_1$

> 高拉力螺栓4根故為4倍

　　　　＝ 4×70.5 ＝ <u>282kN</u>

短期　　　長期

長期是短期的 $\frac{2}{3}$ 喔！

答案 ▶ 282kN

Q 結構承載力上，主要的接合部使用高拉力螺栓接合時，高拉力螺栓
要配置2根以上。

....

A <u>高拉力螺栓的接合要使用2根以上</u>（答案為○）。2根時拉力為2
倍，最大摩擦力（＝滑動係數×拉力）也是2倍。雖然使用1根就
能確保拉力，但這根若是發生損壞，接合部就會破壞。要避免剛剛
好的設計，給予剩餘性，作為意外發生時的備用，此為**贅餘性**（re-
dundancy）。建築大多是在現場作業的製成物，跟機械等其他製成
物相比，必須有更多的贅餘性。

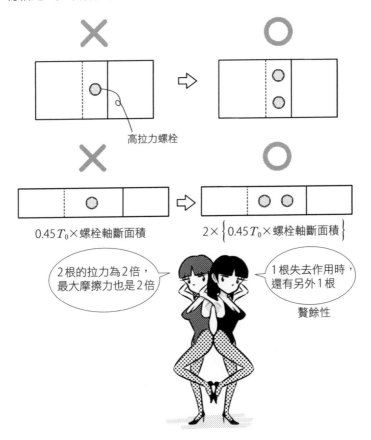

高拉力螺栓

$0.45\,T_0 \times$ 螺栓軸斷面積　　　$2 \times \left\{ 0.45\,T_0 \times \text{螺栓軸斷面積} \right\}$

2根的拉力為2倍，
最大摩擦力也是2倍

1根失去作用時，
還有另外1根

贅餘性

10

接
合

....

Q 1. 使用高拉力螺栓 M22 時，螺栓相互之間的中心距離要在 55mm 以上，孔徑在 24mm 以下。

    2. 高拉力螺栓的直徑在 27mm 以上，且不會對結構承載力造成阻礙時，孔徑可以比高拉力螺栓的直徑大 3mm。

....

A 螺栓的中心距離越小，孔和孔之間越狹窄，鋼板無法保持力量。因此中心距離要在螺栓直徑的 2.5 倍以上。M22 是公制的螺栓，表示直徑為 22mm。F10T-M22 是 JIS 規定的高拉力六角螺栓，表示抗拉強度是 10tf/cm² (1000N/mm²)，直徑則是 22mm。

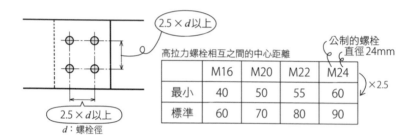

高拉力螺栓相互之間的中心距離

	M16	M20	M22	M24
最小	40	50	55	60
標準	60	70	80	90

孔徑和螺栓徑剛好一樣時會放不進去，要有些餘裕；當餘裕太多，螺栓的力難以傳遞至鋼板，滑動時的變位量也會變大。一般是在螺栓徑 +2mm 以下、+3mm 以下，如下圖所示。

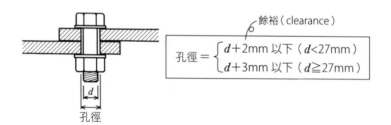

餘裕 (clearance)

$$孔徑 = \begin{cases} d+2mm \text{ 以下 } (d<27mm) \\ d+3mm \text{ 以下 } (d\geq27mm) \end{cases}$$

孔徑

答案 ▶ 1. ○   2. ○

Q 1. 高拉力螺栓的最小緣端距離，在不進行結構計算的情況下，會隨
　　著有無剪切邊緣、自動瓦斯切斷緣而異。

2. 高拉力螺栓的最小緣端距離，在不進行結構計算的情況下，比起
　　手動瓦斯切斷緣，自動瓦斯切斷緣的值較小。

3. 拉力材的接合部中，承受剪力作用的高拉力螺栓在內力方向沒有
　　3根以上並列時，從高拉力螺栓孔中心至內力方向的接合部材端
　　距離，是高拉力螺栓的公稱軸徑的2.5倍以上。

A 若距離邊緣較短，接合部在受拉時會破壞。高拉力螺栓沒有3根以
　　上並列時，規定距離要在螺栓徑的2.5倍以上（**3**為◯）。就和螺栓
　　間隔2.5*d*以上一起記下來吧。另外，隨著切斷方式的不同，信賴度
　　產生劣化，長度會設定成較長。

10

接合

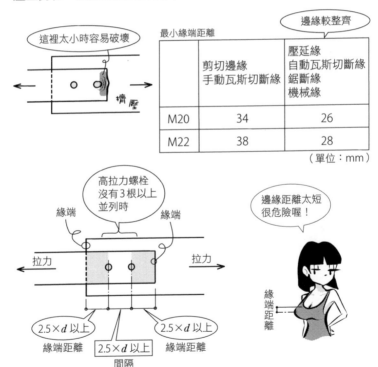

最小緣端距離

	剪切邊緣 手動瓦斯切斷緣	壓延緣 自動瓦斯切斷緣 鋸斷緣 機械緣
M20	34	26
M22	38	28

（單位：mm）

Q 1. 併用高拉力螺栓摩擦接合和銲接接合時，高拉力螺栓的鎖固要比銲接先進行，再加總兩者的容許承載力。

2. 併用高拉力螺栓摩擦接合和銲接接合時，為了加總兩者的容許承載力，要在銲接後再進行高拉力螺栓的鎖固。

....

A 高拉力螺栓鎖固和銲接，一定要先進行高拉力螺栓鎖固。若是先進行銲接，鋼板會因為熱而變形，使接合面無法密合，孔的位置也會產生滑動。只有以高拉力螺栓鎖固→銲接的順序進行，才能加總兩者的承載力（鋼接指南）。

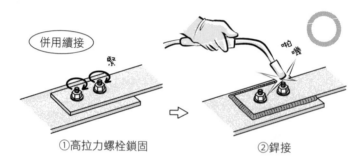

併用續接

①高拉力螺栓鎖固　　　　　②銲接

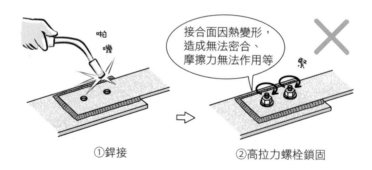

接合面因熱變形，造成無法密合、摩擦力無法作用等

①銲接　　　　　②高拉力螺栓鎖固

....

答案 ▶ 1. ○　2. ×

Q 1. 進行螺栓接合時，要以「2層螺帽」或「埋入混凝土」等措施，
來防止旋轉。
2. 以普通螺栓鎖固的板，總厚度要在螺栓徑的5倍以下。

....

A 高拉力螺栓是高拉力的鎖固，不會有鬆動的情況。「螺栓接合」是
以普通螺栓進行的接合，有鬆動的可能性。因此如下圖所示，常使
用2層螺帽等方法。螺帽之間互相壓制，使螺帽難以旋轉。另外也
有埋入混凝土、銲接螺帽等方法。或是使用彈簧狀的墊圈（彈簧墊
圈）、附有難以回復的楔子狀凹凸的墊圈，還有螺帽間的縫隙極小
並附有止動裝置的螺栓（**1**為○）。

防止旋轉：使普通螺栓
不要鬆動

讓螺帽不要旋轉，
加以固定啊

2層螺帽　　　埋入混凝土　　　螺帽銲接

以普通螺栓鎖固的板，總厚度要在螺栓徑的5倍以下（**2**為○）。超
過5倍時，螺栓根數就要相應增加。

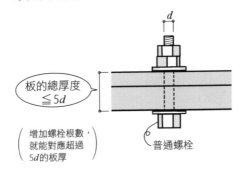

d

板的總厚度
$\leqq 5d$

增加螺栓根數，
就能對應超過
$5d$的板厚

普通螺栓

10
接合

Q 1. 傳遞內力的銲接接縫形式有「全滲透開槽銲」、「填角銲」及「部分滲透開槽銲」。

2. 全滲透開槽銲是全長沒有斷續的銲接方式。

....

A 銲條（銲線）遇熱熔化，和些許熔化的母材一體化後連接者，稱為銲接。做出溝槽（開槽銲道），沿著銲接部全長，將母材的整體厚度以熔融金屬完全滲透的銲接，稱為<u>全滲透開槽銲</u>（**2**為○）。由斷面整體傳遞內力。L字型的部分，以三角形的熔融金屬填滿者，為<u>填角銲</u>。若將下圖填角銲的上方材向上拉，只有熔融金屬的部分會傳遞內力。如右下圖所示，母材平接時，溝槽較小或甚至沒有的情況下，只有部分滲透者，稱為<u>部分滲透開槽銲</u>（**1**為○）。

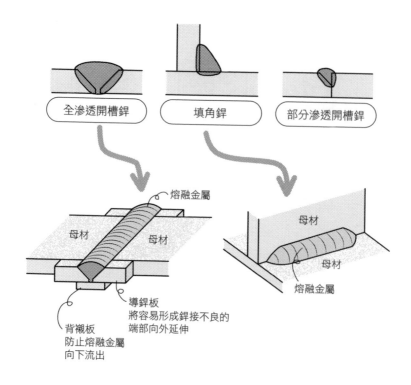

全滲透開槽銲　　　填角銲　　　部分滲透開槽銲

熔融金屬

母材　　母材

導銲板
將容易形成銲接不良的
端部向外延伸

背襯板
防止熔融金屬
向下流出

母材

母材

熔融金屬

・全滲透開槽銲亦可稱為開槽銲。

....

答案 ▶ 1. ○　2. ○

Q 1. 在鋼材的兩面進行全滲透開槽銲時，從銲接面的內側，將銲接部分的第1層進行削除，稱為背面劁溝。

　2. 導銲板會用在全滲透開槽銲的開始端、結束端，以避免產生銲接缺陷。

　3. 在不會產生金屬疲勞的荷重作用下，且確認不會對內力傳遞造成阻礙時，可以不用除去導銲板，直接留下。

....

A 背襯板是為了不讓熔融金屬向下流出而先行設置（組合銲接）的鋼板。銲接後會直接留下，若要讓設計簡潔，可以將內側的銲接部削除（背面劁溝），從內側進行銲接作業（**1**為○）。

銲接端部是較容易有熔融金屬堆積，或因溫度等的不同而產生銲接不良的部分。使用背襯板延伸，設置鋼製或陶製的導銲板（end tab，end：端部，tab：小部分的突出），將接合部向外延長，避免產生銲接缺陷（**2**為○）。導銲板若不會造成阻礙，也可以直接留下來（**3**為○）。

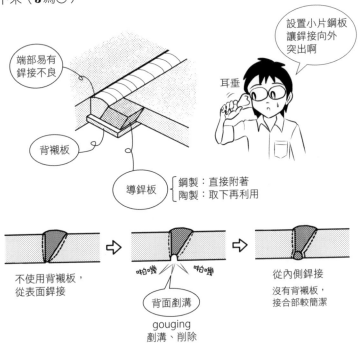

端部易有銲接不良

設置小片鋼板讓銲接向外突出啊

耳垂

背襯板

導銲板　〔鋼製：直接附著
　　　　〔陶製：取下再利用

不使用背襯板，從表面銲接

啪哦　啪嘩

背面劁溝

gouging
劁溝、削除

從內側銲接
沒有背襯板，接合部較簡潔

11
銲接

....

答案▶ 1. ○　2. ○　3. ○

Q 1. 如圖的銲接金屬，是由銲接材料轉移至銲接部的熔融金屬，和銲接部中產生部分熔融的母材所構成。

2. 圖中的(a)部分稱為熱影響區，銲接等的熱會造成組織、冶金性質、機械性質等發生變化，是沒有熔融的母材部分。

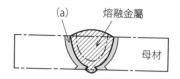

A 銲線或銲條的金屬，遇熱熔化成<u>熔融金屬</u>。母材也會因熱熔化，和熔融金屬一起硬化，形成一體。<u>熔融金屬＋熔融母材＝銲接金屬</u>（**1**為○）。沒有熔化的母材，與之鄰近部分也會受到熱的影響，產生變質，該部分就是<u>熱影響區</u>（**2**為○）。題目的圖是使用背面剷溝，下圖則是附有背襯板，為一般的全滲透開槽銲。

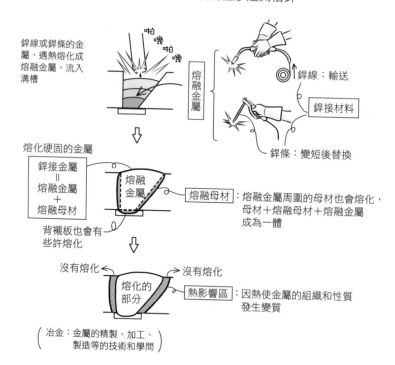

答案 ▶ 1. ○　　2. ○

Q 如圖的鉛接方法，在JIS的表示符號是 。

....

A 上圖為全滲透開槽鉛，題目的符號是填角鉛（答案為×）。鉛接符號最難了解的地方，就是鉛接在材料的哪一側。鉛接在箭頭側、材料前端時，規定要寫在水平線的下方。

前端是線的下方喔！

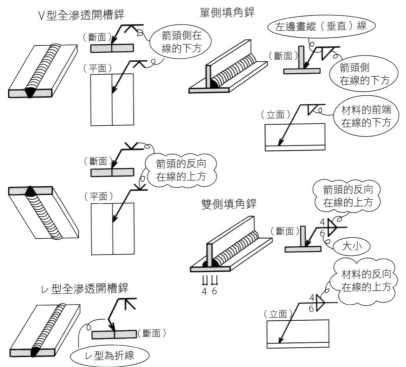

V型全滲透開槽鉛

（斷面）
箭頭側在線的下方

（平面）

單側填角鉛

左邊畫縱（垂直）線

（斷面）
箭頭側在線的下方

（立面）
材料的前端在線的下方

（斷面）
箭頭的反向在線的上方

（平面）

雙側填角鉛

箭頭的反向在線的上方

（斷面） 4 6

大小

材料的反向在線的上方

ㄩ ㄩ
4 6

ㄴ型全滲透開槽鉛

（斷面）

ㄴ型為折線

（立面） 4 6

11

鉛接

....

Q 搭接續接的填角銲中，銲接鋼板的轉角部分時不能進行包角銲接。

A 填角銲剛好停在鋼板的轉角時，銲接末端部容易產生銲接不良，要包覆些許的轉角部分。就像全滲透開槽銲設置導銲板，使端部向外延伸一樣，在轉角的填角銲要使用<u>包角銲接</u>（答案為×）。

> ⎰ 全滲透開槽銲→以導銲板延長
> ⎱ 轉角填角銲　→包角銲接

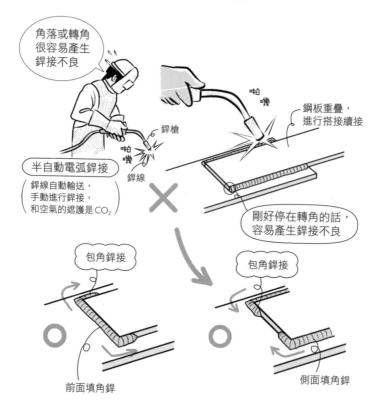

角落或轉角很容易產生銲接不良

鋼板重疊，進行搭接續接

啪嘰

銲槍

半自動電弧銲接
銲線自動輸送，手動進行銲接，和空氣的遮護是CO_2

啪嘰

銲線

剛好停在轉角的話，容易產生銲接不良

包角銲接

○

前面填角銲

包角銲接

○

側面填角銲

Q 銲接泡長度較短時，銲接入熱量較小，冷卻速度較快，發生韌性劣化或低溫裂縫的危險性很小，因此組合銲接最好使用短銲接泡。

A 銲接泡（bead）是熔融金屬形成的念珠狀、串珠（beads）狀的波狀帶形隆起部分。銲條（半自動電弧銲接，使用銲槍）<u>從開始端到結束端進行1次銲接操作，稱為銲道</u>（pass：通過、橫切）。該銲道形成的熔融金屬就是銲接泡。

<u>短銲接泡</u>是指極短的銲接泡。體積很小，冷卻快速，就和焠火一樣，質硬且無柔韌度（韌性），容易因荷重或低溫產生裂縫（參見R157、R158）。板厚超過6mm時，銲接長度規定要在40mm以上。

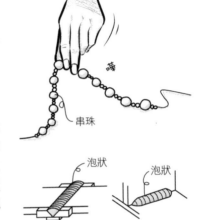

串珠

泡狀　　　泡狀

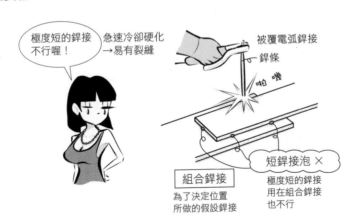

極度短的銲接不行喔！

急速冷卻硬化
→易有裂縫

被覆電弧銲接

銲條

啪　嘰

組合銲接
為了決定位置所做的假設銲接

短銲接泡 ×
極度短的銲接
用在組合銲接
也不行

11

銲接

答案 ▶ ×

Q 熔融金屬的機械性質會受到銲接條件的影響，為了不讓銲接部的強度下降，層間溫度的管理要比規定值高。

....

A 銲條（或是銲槍）從起點到終點進行1次的銲接作業，稱為<u>銲道</u>。下圖為手動進行了5次，重疊4層，4層5道的全滲透開槽銲。

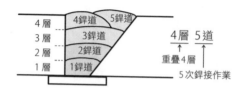

銲道和銲道間，在銲接之前的熔融金屬和周邊母材的溫度，稱為<u>層間溫度</u>。鋼在急速冷卻（焠火）下會變得硬脆，但不進行冷卻就不會出現強度。遇熱又會回到熔化的狀態。1次的銲道完成後，要冷卻至某種程度再進行下一個銲道。銲道之間的溫度依鋼材決定，在350℃以下、250℃以下等（答案為×）。

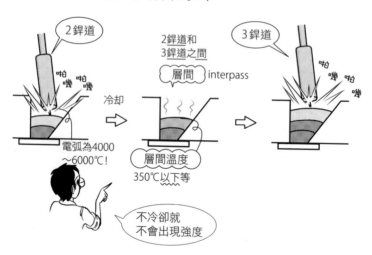

....

答案 ▶ ×

Q 預熱的目的是防止因銲接而產生裂縫，會在板厚較厚或氣溫較低時進行。

....

A 厚板的銲接或氣溫較低時的銲接，會因為下述各種原因發生低溫裂縫。為了避免低溫裂縫，母材必須事先使用加熱器加溫。電弧為4000～6000℃，是和太陽表面溫度同高的熱度，若是一口氣冷卻，會失去鋼的韌性（柔韌度），容易產生裂縫。

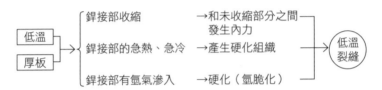

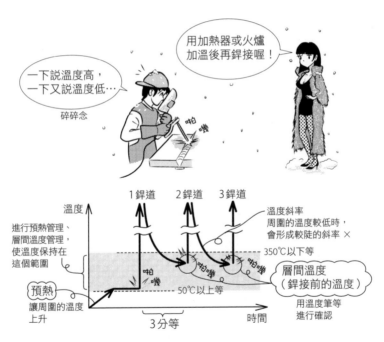

....

答案 ▶ ○

Q 銲接部的非破壞性試驗中，包括放射線穿透試驗、超音波檢測試驗、磁粉檢測試驗及滲透檢測試驗，最適合檢測內部缺陷的是磁粉檢測試驗。

A 內部缺陷檢測適合使用<u>放射線</u>或<u>超音波</u>。<u>磁粉</u>或<u>滲透液</u>的試驗，適合用在檢測表面的傷痕（答案為✕）。

內部檢查一般都是用超音波喔！

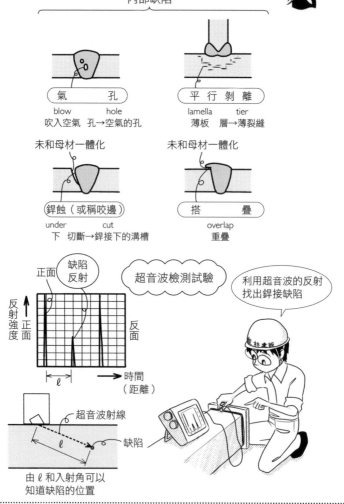

內部缺陷

氣　　　孔
blow　　hole
吹入空氣　孔→空氣的孔

平 行 剝 離
lamella　　tier
薄板　層→薄裂縫

未和母材一體化

銲蝕（或稱咬邊）
under　　cut
下　切斷→銲接下的溝槽

未和母材一體化

搭　　　疊
overlap
重疊

缺陷反射
正面
超音波檢測試驗
利用超音波的反射找出銲接缺陷

反射強度
正面
反面

ℓ

時間（距離）

超音波射線
ℓ
缺陷

由 ℓ 和入射角可以知道缺陷的位置

答案 ▶ ✕

Q 結構計算使用的填角銲邊長，會超過母材較薄者的厚度。

A 填角銲的<u>邊長S</u>、<u>有效喉深a</u>，如下圖所示。由母材邊角的距離（邊長）中，取較小者為S，作出等腰三角形（一般是底角45°的等腰直角三角形）。從直角至斜邊的垂直長度就是a。

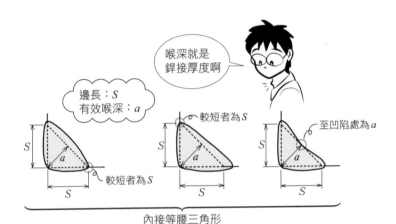

喉深就是
銲接厚度啊

邊長：S
有效喉深：a

較短者為S

至凹陷處為a

較短者為S

內接等腰三角形

11
銲接

<u>S的厚度會在母材較薄者以下</u>（答案為×）。如下方右圖中，$t_1 < t_2$時，若$S > t_1$，銲接部會超過母材。若是如下方左圖，T型續接在一定厚度以下時，稍微在母材較薄者以上也沒有關係。

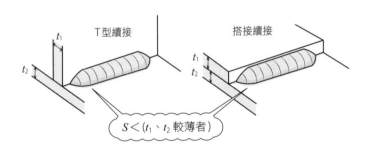

T型續接　　　　　　　　搭接續接

t_1

t_2

t_1
t_2

$S < (t_1、t_2 較薄者)$

Q 1. 填角銲的有效長度，是從包含銲接部的銲接全長，減掉填角邊長的2倍。

2. 結構計算使用的填角銲銲接部有效面積，可由「（銲接有效長度）×（母材較薄者的厚度）」算出。

......

A 填角銲的兩端會較細，故<u>實際長度−2S</u>（S：邊長）就是有效長度（**1**為○）。內力會由銲接的喉深斷面積進行傳遞，產生應力。計算上喉深斷面積＝銲接的有效面積，如下圖以<u>（有效長度ℓ）×（有效喉深a）</u>計算（**2**為×）。

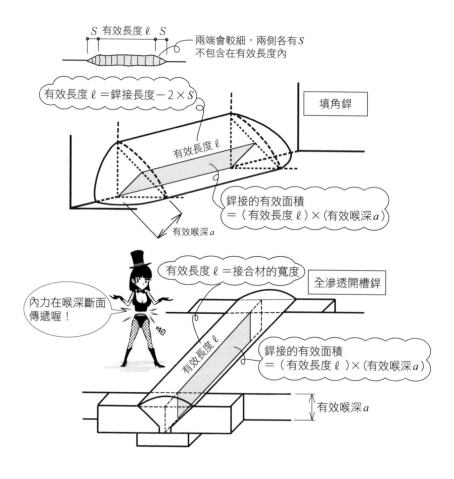

S　有效長度 ℓ　S

兩端會較細，兩側各有S
不包含在有效長度內

有效長度 ℓ ＝銲接長度−2×S

填角銲

有效長度 ℓ

銲接的有效面積
＝（有效長度 ℓ）×（有效喉深 a）

有效喉深 a

有效長度 ℓ ＝接合材的寬度

全滲透開槽銲

內力在喉深斷面
傳遞喔！

有效長度 ℓ

銲接的有效面積
＝（有效長度 ℓ）×（有效喉深 a）

有效喉深 a

......

答案 ▶ 1. ○　2. ×

Q 被覆電弧銲接在ㄑ型或K型開槽銲道的部分滲透開槽銲中，有效喉深不能以開槽銲道的全部深度計算。

A 電弧是指電氣放電，藉由熱能熔化鋼進行接合者，稱為<u>電弧銲接</u>。若銲接時和空氣接觸，熔化的鋼中會產生空氣孔，必須進行被覆（遮護、潛弧）來遮斷空氣。銲條的手動銲接，稱為被覆電弧銲接。<u>開槽銲道</u>是指熔融金屬熔入的溝槽，有ㄑ型、V型、K型等形狀。<u>全滲透開槽銲</u>直到底部的背襯板，厚度全部會熔化，形成一體。銲接的厚度，傳遞內力的部分稱為<u>喉深</u>。母材厚度不同時，較薄者的厚度可以有效進行內力傳遞，因此<u>有效喉深是以母材較薄者的厚度為之</u>。<u>部分滲透開槽銲</u>只有部分銲接。被覆電弧銲接要熔化至溝槽底比較困難，會將<u>開槽銲道深度減去一定量作為有效喉深</u>。

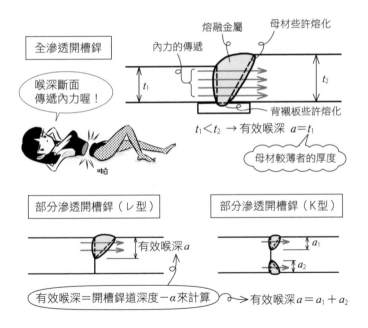

全滲透開槽銲

喉深斷面傳遞內力喔！

內力的傳遞　熔融金屬　母材些許熔化

t_1　　　t_2

背襯板些許熔化

$t_1 < t_2$ → 有效喉深　$a = t_1$

母材較薄者的厚度

部分滲透開槽銲（ㄑ型）　　部分滲透開槽銲（K型）

有效喉深a　　　a_1　　a_2

有效喉深＝開槽銲道深度－a來計算　　→　有效喉深$a = a_1 + a_2$

11

銲接

答案 ▶ ○

Q **1.** 片面銲接的部分滲透開槽銲，不能使用在接縫根部彎曲或因荷重造成偏心彎曲而產生拉應力的情況下。

2. 部分滲透開槽銲不能使用在荷重反覆作用的部分。

....

A

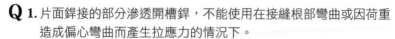

レ型　　　　　　　V 型　　　　　　　　　K 型

f：根面　　　g：根間隔

root的原意是「根」，指溝槽（開槽銲道）的根部、底部。根面是根部接合的面，根間隔則是根部的縫隙間隔。根間隔較狹窄時，熔融金屬無法順利流入，會形成缺陷。

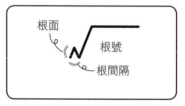

因荷重偏心產生的彎矩稱為偏心彎矩。若因彎矩、偏心彎矩的作用而在未銲接的根部產生拉力，會有如下圖破壞的危險（**1** 為○）。

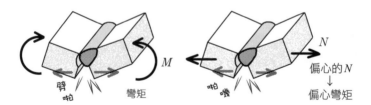

劈　　　彎矩　　　　　　啪　偏心的 N
啪　　　　　　　　　　　嘰　　↓
　　　　　　　　　　　　　　偏心彎矩

N

M

內力反覆作用的部分容易破壞，不能使用部分滲透開槽銲（**2** 為○）。

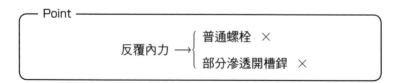

┌─ Point ─────────────────────
│
│　　　　　　　　　　　┌ 普通螺栓　✕
│　反覆內力 ⟶ ┤
│　　　　　　　　　　　└ 部分滲透開槽銲　✕
│
└─────────────────────────────

....

答案 ▶ 1. ○　2. ○

Q 全滲透開槽鉾的喉深斷面，若要確保高度的品質，其容許應力會和母材有相同數值。

....

A 熔入溝槽（開槽鉾道）的熔融金屬，鉾條會和母材使用相同鋼材。<u>全滲透開槽鉾中，熔融金屬和母材成為一體，可以完全傳遞內力，而且容許應力也會和母材相同</u>（答案為○，基準法）。不同鋼材進行鉾接時，會使用<u>母材容許應力較小者</u>的數值（保守側的值）。

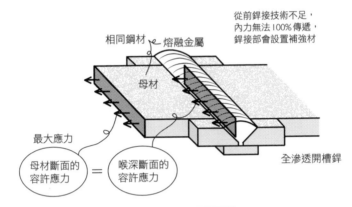

鋼材的容許應力→直接作為　全滲透開槽鉾　的容許應力

長期容許應力				短期容許應力			
壓力	拉力	彎曲	剪力	壓力	拉力	彎曲	剪力
$\dfrac{F}{1.5}$	$\dfrac{F}{1.5}$	$\dfrac{F}{1.5}$	$\dfrac{F}{1.5\sqrt{3}}$	長期的1.5倍			

F：基準強度

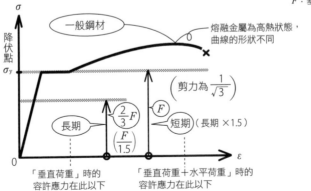

答案 ▶ ○

Q 鉀接接縫的喉深斷面，其容許應力會依鉀接接縫的形式，使用不同的數值。

....

A 填角鉀的喉深斷面，容許應力是<u>全滲透開槽鉀的 1/√3 倍</u>（只有剪力是相同的）。<u>短期則是長期的 1.5 倍</u>，一般的鋼材、高拉力螺栓、鋼筋等都相同。

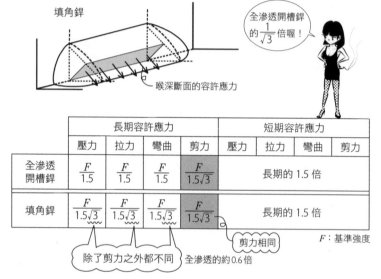

填角鉀

全滲透開槽鉀的 $\frac{1}{\sqrt{3}}$ 倍喔！

喉深斷面的容許應力

	長期容許應力				短期容許應力			
	壓力	拉力	彎曲	剪力	壓力	拉力	彎曲	剪力
全滲透 開槽鉀	$\frac{F}{1.5}$	$\frac{F}{1.5}$	$\frac{F}{1.5}$	$\frac{F}{1.5\sqrt{3}}$	長期的 1.5 倍			
填角鉀	$\frac{F}{1.5\sqrt{3}}$	$\frac{F}{1.5\sqrt{3}}$	$\frac{F}{1.5\sqrt{3}}$	$\frac{F}{1.5\sqrt{3}}$	長期的 1.5 倍			

剪力相同

除了剪力之外都不同　全滲透的約 0.6 倍

F：基準強度

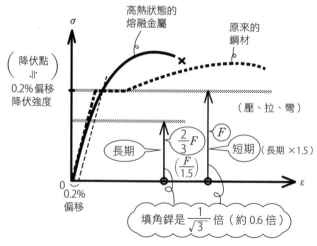

高熱狀態的熔融金屬

原來的鋼材

（降伏點）
＝
0.2% 偏移
降伏強度

（壓、拉、彎）

長期　$\frac{2}{3}F$　F　短期（長期 ×1.5）

$\frac{F}{1.5}$

0
0.2%
偏移

填角鉀是 $\frac{1}{\sqrt{3}}$ 倍（約 0.6 倍）

....

答案 ▶ ○

Q 如圖的側面填角銲（在兩側面施作，單面的有效長度為 100mm），
銲接部接縫產生應力，請求出和接縫的長期容許剪應力 f_w 相等時的
拉力 P(N)。f_w 的值為 90N/mm²。

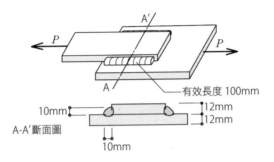

有效長度 100mm

10mm

12mm
12mm

10mm

A-A′斷面圖

A 喉深斷面的剪應力合計為 P。剪應力的最大值＝容許剪應力的合
計，P 的最大值＝剪承載力。

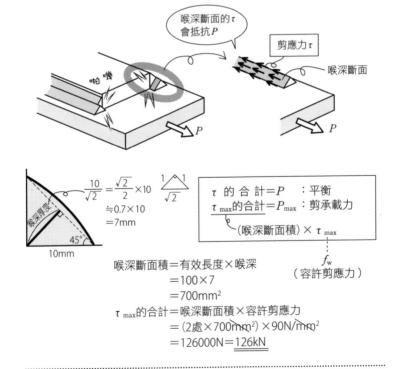

喉深斷面的 τ
會抵抗 P

剪應力 τ

喉深斷面

P　　　P

$\dfrac{10}{\sqrt{2}} = \dfrac{\sqrt{2}}{2} \times 10$

$≒0.7 \times 10$

$=7\text{mm}$

$\dfrac{1}{\sqrt{2}} \overset{1}{\triangle} 1$

| τ 的合計＝P ：平衡
| τ_{max} 的合計＝P_{max}：剪承載力

（喉深斷面積）× τ_{max}

f_w
（容許剪應力）

喉深斷面積＝有效長度×喉深
　　　　　＝100×7
　　　　　＝700mm²

τ_{max} 的合計＝喉深斷面積×容許剪應力
　　　　　＝(2處×700mm²) ×90N/mm²
　　　　　＝126000N＝<u>126kN</u>

答案 ▶ **126kN**

Q 併用全滲透開槽銲和填角銲時，是依據各個銲接接縫的容許內力，
來決定各自分擔的內力。

....

A 下圖為併用兩種銲接的鋼板，左右受到拉力 T 作用時，各個銲接接
縫所受到的拉應力為 T_1、T_2。T 分成 T_1 和 T_2 時，<u>內力分擔只要和各
接縫的承載力成比例即可</u>（答案為○）。銲接接縫的最大內力＝容
許內力，可由<u>（容許應力）×（喉深斷面積）</u>計算而得。填角銲的
喉深斷面是傾斜的，必須乘上 $\cos\theta$ 等進行調整。

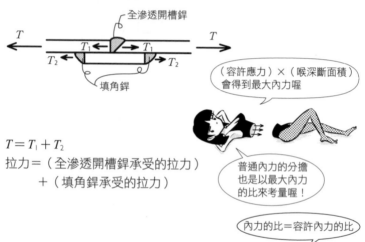

$T＝T_1＋T_2$
拉力＝（全滲透開槽銲承受的拉力）
　　　＋（填角銲承受的拉力）

（容許應力）×（喉深斷面積）
會得到最大內力喔

普通內力的分擔
也是以最大內力
的比來考量喔！

內力的比＝容許內力的比

$T_1：T_2＝$（全滲透開槽銲的容許內力）：（填角銲的容許內力）
　　　　＝（容許拉應力×喉深斷面積）：（容許拉應力×調整喉深的角度
　　　　　　　　　　　　　　　　　　　　　×喉深斷面積）

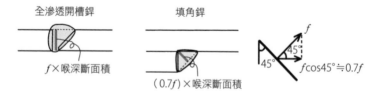

全滲透開槽銲　　　　　　　　填角銲

f×喉深斷面積

（$0.7f$）×喉深斷面積

$f\cos45°≒0.7f$

....

答案 ▶ ○

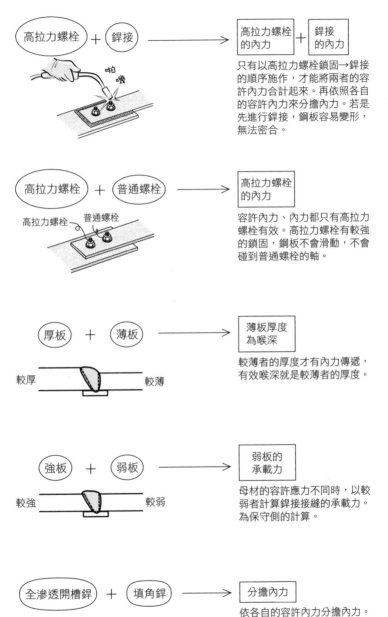

高拉力螺栓 + 銲接 → 高拉力螺栓 + 銲接
的內力　　 的內力

只有以高拉力螺栓鎖固→銲接的順序施作，才能將兩者的容許內力合計起來。再依照各自的容許內力來分擔內力。若是先進行銲接，鋼板容易變形，無法密合。

高拉力螺栓 + 普通螺栓 → 高拉力螺栓
的內力

容許內力、內力都只有高拉力螺栓有效。高拉力螺栓有較強的鎖固，鋼板不會滑動，不會碰到普通螺栓的軸。

高拉力螺栓　普通螺栓

厚板 + 薄板 → 薄板厚度
為喉深

較薄者的厚度才有內力傳遞，有效喉深就是較薄者的厚度。

較厚　　　　　較薄

強板 + 弱板 → 弱板的
承載力

母材的容許應力不同時，以較弱者計算銲接接縫的承載力。為保守側的計算。

較強　　　　　較弱

全滲透開槽銲 + 填角銲 → 分擔內力

依各自的容許內力分擔內力。

接合部的內力

11
銲接

Q 箱型柱的柱梁接合部，有橫隔板、內隔板及外隔板等接合形式。

A diaphragm（隔板）的原意為橫膈膜，指橫越柱斷面設置的鋼板。柱是由薄鋼板製成，沒有隔板就直接將梁銲接在柱上，很容易發生破壞。為了確實承受梁的翼板力量，在翼板位置要設置隔板。

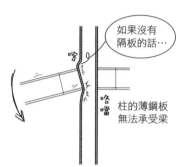

如果沒有隔板的話…

嗡

咯噹

柱的薄鋼板無法承受梁

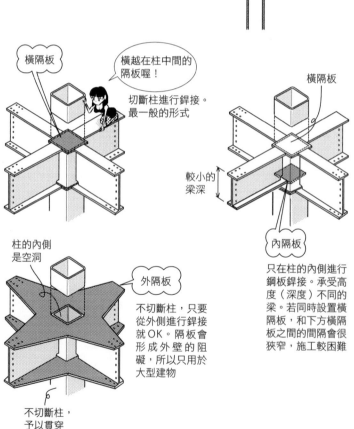

橫隔板

橫越在柱中間的隔板喔！

切斷柱進行銲接。最一般的形式

橫隔板

較小的梁深

內隔板

只在柱的內側進行鋼板銲接。承受高度（深度）不同的梁。若同時設置橫隔板，和下方橫隔板之間的間隔會很狹窄，施工較困難

柱的內側是空洞

外隔板

不切斷柱，只要從外側進行銲接就OK。隔板會形成外壁的阻礙，所以只用於大型建物

不切斷柱，予以貫穿

答案 ▶ ○

Q 設置在柱梁接合部的橫隔板和箱型柱之間的接合，可以使用全滲透開槽銲。

A 橫隔板是以橫斷的形式貫穿柱，將柱整個切斷。如下圖，一開始在短柱上下的隔板皆以全滲透開槽銲銲接，接著設置較小的切斷梁（托架），最後是短柱上下以全滲透開槽銲銲接較長的柱（答案為○）。

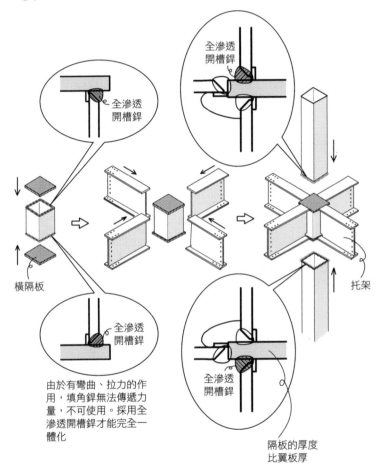

全滲透
開槽銲

全滲透
開槽銲

全滲透
開槽銲

橫隔板

托架

由於有彎曲、拉力的作用，填角銲無法傳遞力量，不可使用。採用全滲透開槽銲才能完全一體化

全滲透
開槽銲

隔板的厚度
比翼板厚

12

S造的接合部

答案 ▶ ○

Q 1. 梁使用H型鋼時，彎矩是由腹板、剪力是由翼板來負擔。

2. 箱型柱若是以H型鋼進行剛接合，梁的翼板要使用全滲透開槽
銲，腹板則是填角銲。

....

A 上下端的翼板用以抵抗彎矩，中央的腹板抵抗剪力（**1**為×）。只
承受剪力的腹板使用填角銲就OK，還要承受拉力的翼板就要用全
滲透開槽銲（**2**為○）。

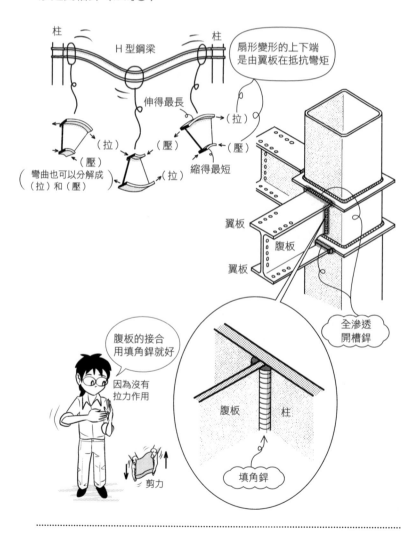

H型鋼的梁銲接在柱上時，一般來說，翼板是使用全滲透開槽銲，腹板則是使用填角銲。若連腹板都使用全滲透開槽銲，施工很麻煩。翼板承受彎矩 M 造成的最大（拉力、壓力）彎曲應力 σ_b 作用，要使用全滲透開槽銲。腹板中央承受剪力 Q 造成的最大剪應力 τ 作用，使用填角銲就能夠傳遞。

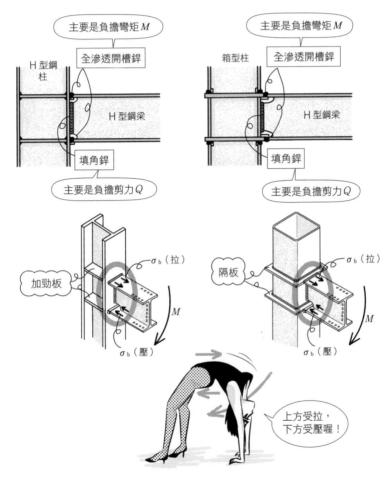

實際上腹板也會負擔些許彎曲應力 σ_b，
翼板也會負擔些許剪應力 τ

Q H型鋼柱和H型鋼梁的接合部中，當柱的翼板上下貫穿時，即使梁翼板和柱的水平加勁板產生偏心，接合部的承載力也會和沒有偏心時相同。

....

A 加勁板（stiffener）是為了加勁（stiffen）所加入的鋼板，也可稱為補強材。就像箱型柱會加入橫隔板，H型鋼的柱則是加入水平加勁板。水平加勁板和梁翼板若錯開，力無法順利傳遞（答案為×）。

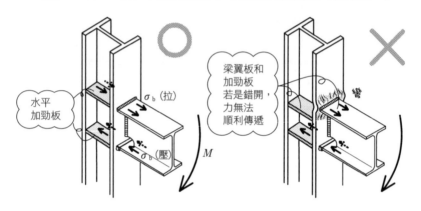

H型鋼柱和箱型柱不同，翼板只有單方向。彎矩 M 是由柱翼板在抵抗，當梁和沒有翼板抵抗的一側接合時，梁翼板會和加勁板分離設置，使 M 無法傳遞。若是H型鋼柱，會成為只有單方向剛接合的單向構架。

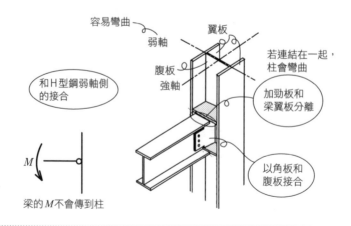

答案 ▶ ×

Q 如圖的鋼骨構架結構，為4層建築物的1層部分示意圖。請判斷以下關於此圖的敘述是否正確。

1. 橫隔板和大梁翼板的接合（圖中①）是全滲透開槽銲。

2. 柱和大梁腹板的接合（圖中②）是填角銲。

3. 橫隔板和柱的接合（圖中③）是全周長填角銲。

4. 大梁的接合（圖中④），翼板、腹板都是高拉力螺栓的摩擦接合。

5. 柱腳和基礎的接合（圖中⑤），柱腳和柱底板是全滲透開槽銲，柱底板則是用4根錨定螺栓和基礎接合。

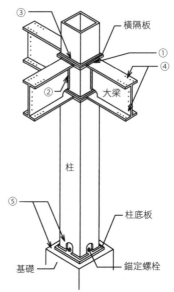

A 橫隔板和柱接合時，會有彎矩所產生的拉力作用，若是使用填角銲會無法傳遞力量（**3**為×）。內力要順利傳遞，必須使用全滲透開槽銲。柱底板和柱也是一樣，先做出開槽銲（溝槽），以全滲透開槽銲銲接。

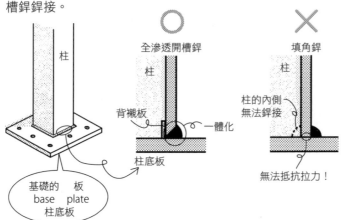

答案 ▶ 1.○　2.○　3.×　4.○　5.○

Q 鋼骨結構中，在設計上會使梁或柱比柱梁接合交會區先產生降伏。

A 柱梁接合部在RC造和S造中，皆稱為交會區。進行破壞設計時，盡量使整體產生傾倒，讓許多不同的部分能夠一邊吸收能量，一邊傾倒。梁端部、柱腳降伏產生塑鉸，就像生鏽的鉸鏈會一邊吸收能量一邊旋轉。柱梁接合部若是先降伏產生塑鉸，就會如下圖右，在部分破壞後一口氣發生破壞。相較於接合部，梁、柱先行降伏，才能調整降伏時的最大彎矩（答案為○）。

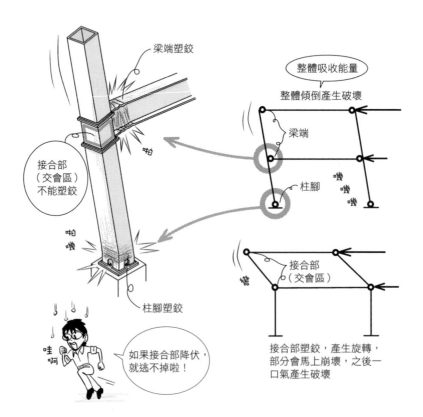

答案 ▶ ○

Q 為了預防鋼骨結構梁端的接合部產生初期破壞，就算在設計上加大梁端部的翼板寬，減少作用的內力，也必須進行極限承載力接合的檢討。

A 承受彎矩 M 時，以中性軸為界，上方伸長，下方縮短。上端的翼板伸得最長，下方的翼板縮得最短。材料伸縮最大的部分是在抵抗最大的 M（由 M 產生彎曲應力 σ_b）。加大翼板寬，會使伸縮最大部分的斷面積增加，每 $1mm^2$ 承受的拉力（壓力）彎曲應力 σ_b 就會變小，使梁不易降伏。

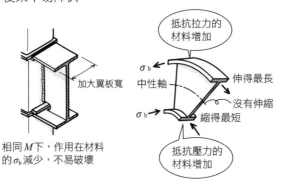

抵抗拉力的材料增加

σ_b　　伸得最長

加大翼板寬　　中性軸　　沒有伸縮

σ_b　　縮得最短

抵抗壓力的材料增加

相同 M 下，作用在材料的 σ_b 減少，不易破壞

梁不易破壞時，柱梁接合部會先破壞，有產生部分破壞的危險。因此要使接合部的承載力＞各構材的承載力，設計成韌性破壞。這樣的接合部稱為極限承載力接合（答案為○）。

破壞機構

接合部的承載力＞梁的承載力

極限承載力接合

像這樣的破壞，各接合部為極限承載力接合

12

S造的接合部

Q 負擔拉力的斜撐，進行極限承載力接合時，相較於斜撐軸部的降伏承載力，斜撐端部及接合部的破壞承載力必須較大。

A 崩壞時若是接合部先破壞，會在沒有柔韌度的狀態下一口氣破壞。另一方面，斜撐軸部先降伏時，塑性區域在相同應力下會有較大的變形，可以吸收地震的能量。保有較大的承載力，在斜撐軸部降伏之前都不會破壞的接合，稱為<u>極限承載力接合</u>。一般來説，<u>接合部的承載力＞母材的承載力</u>，就稱為極限承載力接合（答案為○）。

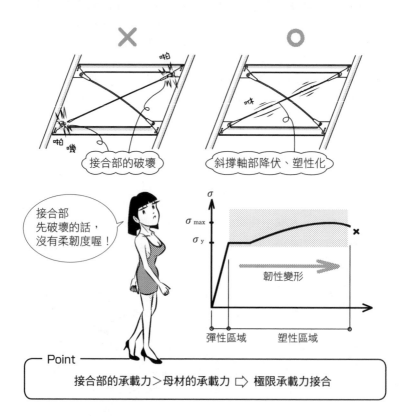

接合部先破壞的話，沒有柔韌度喔！

接合部的破壞

斜撐軸部降伏、塑性化

σ

σ_{max}

σ_y

韌性變形

彈性區域　　塑性區域

── Point ──

接合部的承載力＞母材的承載力 ⇨ 極限承載力接合

答案 ▶ ○

Q 進行銲接接合時，設置扇形孔可以避免銲接線的交叉，並作為插入背襯板之用。

⋯⋯⋯⋯⋯⋯⋯⋯⋯⋯⋯⋯⋯⋯⋯⋯⋯⋯⋯⋯⋯⋯⋯⋯⋯⋯⋯⋯⋯⋯⋯⋯⋯⋯⋯

A scallop的原意為扇貝，指圓弧狀缺口。這是為了避免銲接交叉處產生碰撞，以及作為讓背襯板通過的孔洞，常用在柱梁接合部（答案為○）。

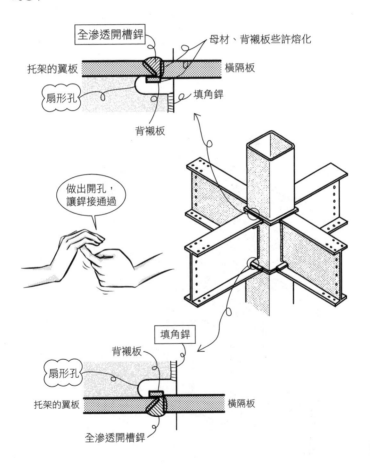

⋯⋯⋯⋯⋯⋯⋯⋯⋯⋯⋯⋯⋯⋯⋯⋯⋯⋯⋯⋯⋯⋯⋯⋯⋯⋯⋯⋯⋯⋯⋯⋯⋯⋯⋯⋯

答案 ▶ ○

Q 橫隔板形式的方型鋼管和H型鋼梁的接合部，梁腹板的扇形孔底容易於地震時有變形集中的情況，因此建議不要設置扇形孔，或者要用可以緩和變形的扇形孔形狀。

....

A 阪神淡路大地震（1995）中，發生許多扇形孔的翼板斷裂或破壞的情形。扇形孔的前端若和翼板為直角接觸的形式，會發生內力和變形集中的現象（下圖左）。因此出現如下圖右的<u>改良扇形孔</u>，或是乾脆使用不設置扇形孔的<u>無扇形孔工法</u>（最下圖）（答案為○）。

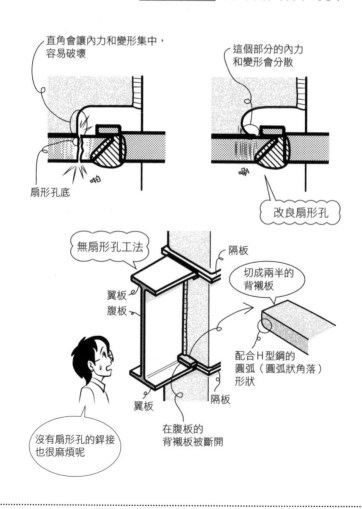

....

答案 ▶ ○

Q 橫隔板形式的柱梁接合部，導銲板在柱梁接合部的組合銲接，可以直接在母材進行。

⋯⋯⋯⋯⋯⋯⋯⋯⋯⋯⋯⋯⋯⋯⋯⋯⋯⋯⋯⋯⋯⋯⋯⋯⋯⋯⋯⋯⋯⋯⋯⋯⋯⋯

A 導銲板在柱梁接合部進行組合銲接時，要在背襯板上銲接，避免影響母材。組合銲接所產生的材料劣化或銲蝕（熔融金屬沒有填滿，留下溝槽）等，有發生破壞的危險（答案為╳）。<u>如果不得不在母材進行組合銲接，必須在開槽銲道內銲接</u>。若是在開槽銲道內，銲接進行時會再次熔化，和母材一體化。

背襯板的組合銲接，規定不能在梁翼板端部或腹板的附近進行（JASS 6）。在開槽銲道內會再次熔融，和導銲板一樣OK。

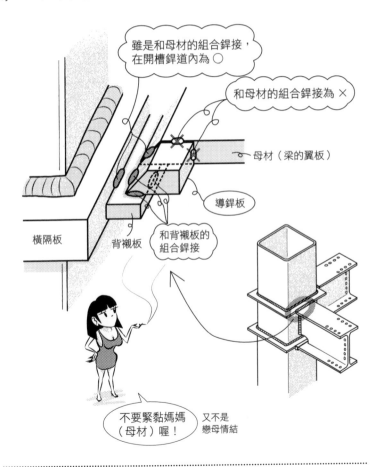

12

⋯⋯⋯⋯⋯⋯⋯⋯⋯⋯⋯⋯⋯⋯⋯⋯⋯⋯⋯⋯⋯⋯⋯⋯⋯⋯⋯⋯⋯⋯⋯⋯⋯⋯

答案 ▶ ╳

Q 1. 柱的續接位置，為了減少作用在柱續接的內力，可以設置在樓層的中央附近。

2. 柱的續接位置，考慮內力和施工性，要設置在距離地面1m左右的高度。

A 不管是柱或梁，在大彎矩 M 作用下，在 $M=0$ 的位置進行接續是最理想的。柱在地震時會產生很大的 M，但中央附近則是 $M=0$。結構上最好是在中央附近接續，但銲接作業會較困難，因此在距地面1m左右的位置進行接續。梁的 M 在垂直荷重作用時，跨距 1/4 左右的位置 $M=0$，水平荷重作用時是跨距中央附近的 $M=0$。可以在跨距× 1/4 的附近，考量搬運容易及施工性，來決定續接位置。

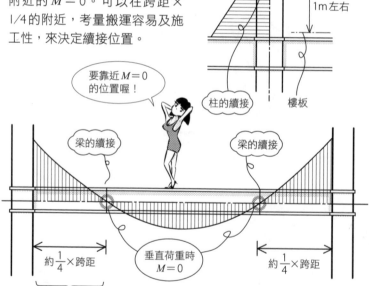

要靠近 $M=0$ 的位置喔！

梁的續接

地震力

中央附近
地震時的 $M=0$

1m左右

柱的續接　　　樓板

梁的續接

約 $\frac{1}{4}$×跨距

垂直荷重時 $M=0$

約 $\frac{1}{4}$×跨距

在工廠和柱銲接的短梁（托架）若是太長，很難用卡車載運

答案 ▶ 1. ○　　2. ○

Q 承受拉力作用的箱型斷面，當上柱和下柱在工地現場銲接時，是使用工廠設置好的背襯板以全滲透開槽銲進行銲接。

A

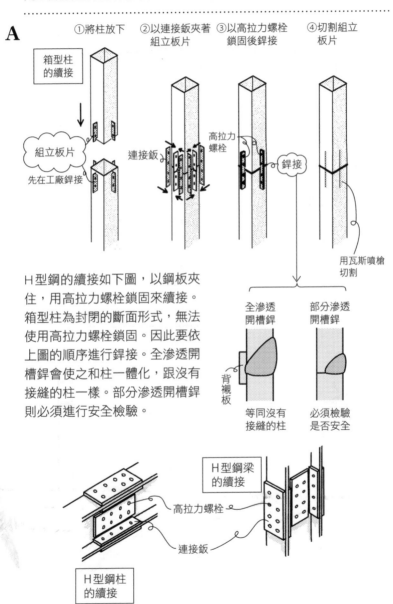

①將柱放下　②以連接鈑夾著　③以高拉力螺栓　④切割組立
　　　　　　　組立板片　　　鎖固後銲接　　　板片

箱型柱
的續接

組立板片

先在工廠銲接

連接鈑

高拉力
螺栓

銲接

用瓦斯噴槍
切割

H型鋼的續接如下圖，以鋼板夾住，用高拉力螺栓鎖固來續接。箱型柱為封閉的斷面形式，無法使用高拉力螺栓鎖固。因此要依上圖的順序進行銲接。全滲透開槽銲會使之和柱一體化，跟沒有接縫的柱一樣。部分滲透開槽銲則必須進行安全檢驗。

全滲透
開槽銲

部分滲透
開槽銲

背
襯
板

等同沒有
接縫的柱

必須檢驗
是否安全

H型鋼梁
的續接

高拉力螺栓

連接鈑

H型鋼柱
的續接

12

S造的接合部

答案 ▶ ○

Q 柱續接的接合用螺栓、高拉力螺栓及銲接，會將續接的存在內力完全傳遞，且承載力會超過構材各內力所對應的容許內力的1/2。

....

A 柱的續接要設置在彎矩M為0或是接近0的位置。如此由M產生的彎曲應力σ_b也會較小。不過柱是以1根連續材進行結構計算，不是只要續接位置所產生（存在）的內力是安全的就好，而是和材料其他部分比較起來，必須保有一定程度的承載力。續接的承載力，不能在其他部分的容許內力所計算的承載力的1/2以下（鋼規範）。全周長以全滲透開槽銲接續的柱，續接的承載力≒柱各部位的承載力，等同於1根連續的柱。

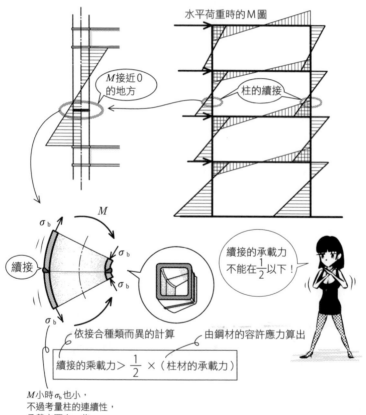

水平荷重時的M圖

M接近0
的地方

柱的續接

續接的承載力
不能在$\frac{1}{2}$以下！

σ_b

M

σ_b

σ_b

續接

σ_b

σ_b

依接合種類而異的計算　　　　由鋼材的容許應力算出

續接的乘載力 $> \frac{1}{2} \times$（柱材的承載力）

M小時σ_b也小，
不過考量柱的連續性，
承載力要大一些

....

答案 ▶ ○

Q 鋼骨構材中，板元素的寬厚比或鋼管的徑厚比越大，越容易產生局部挫屈。

....

A 挫屈是指柱或梁產生彎折，局部挫屈則是部分產生如波浪的彎折。

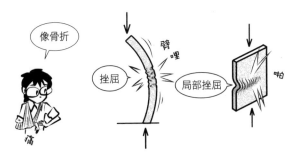

寬度對厚度的比，寬/厚，寬厚比越大，表示越薄，寬廣的板越容易產生局部挫屈。圓形鋼管的徑厚比也是越大越容易產生局部挫屈（答案為○）。寬厚比依字順為寬÷厚。比較大小時，將分母的厚度視為相等，考量寬度的大小，就可以知道局部挫屈的難易程度。

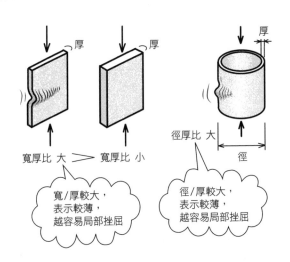

13

板

Point ─────────────────────────────────────
│　　寬厚比→依字順為寬÷厚　　　水灰比→依字順為水÷水泥　　│
└──

....

答案 ▶ ○

Q 輕量鋼骨結構使用的輕量型鋼，板元素的寬厚比越大，越容易產生扭曲或局部挫屈。

⋯⋯⋯⋯⋯⋯⋯⋯⋯⋯⋯⋯⋯⋯⋯⋯⋯⋯⋯⋯⋯⋯⋯⋯⋯⋯⋯

A 輕量型鋼是6mm以下的鋼板，在常溫（冷間）下彎折成C型等形式。厚度較薄者，寬厚比（寬/厚）較大，是較容易發生扭曲或部分彎折產生局部挫屈的鋼材（答案為○）。因此可以先決定寬厚比的最大值，作為斷面計算的有效寬厚比，板在限度值以外的部分，就是沒有作用的斷面。

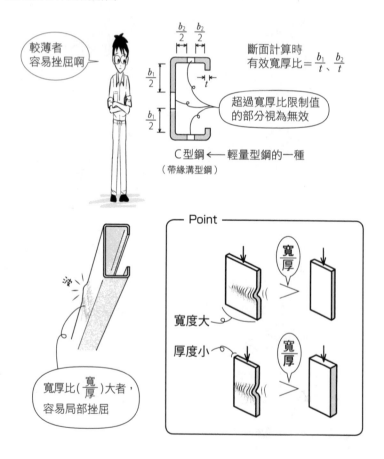

斷面計算時
有效寬厚比＝ $\dfrac{b_1}{t}$、$\dfrac{b_2}{t}$

較薄者
容易挫屈啊

超過寬厚比限制值
的部分視為無效

C型鋼 ← 輕量型鋼的一種
（帶緣溝型鋼）

── Point ──

寬/厚

寬/厚

寬度大

厚度小

寬厚比(寬/厚)大者，
容易局部挫屈

⋯⋯⋯⋯⋯⋯⋯⋯⋯⋯⋯⋯⋯⋯⋯⋯⋯⋯⋯⋯⋯⋯⋯⋯⋯⋯⋯

答案 ▶ ○

Q 型鋼的容許應力設計中，板元素的寬厚比超過限制值時，超過限制值的部分是作為無效斷面加以檢討。

- -

A 鋼材是基準強度 F 較大的材料，承受較大的內力也 OK。可以承受較大內力，但表示變形困難度的彈性模數 E 是相同的。也就是說，F 較大的材料若是沒有寬厚比較小的限制，會有容易產生局部挫屈的危險。寬厚比的最大值是用係數 $\times \dfrac{1}{\sqrt{F}}$ 來決定。

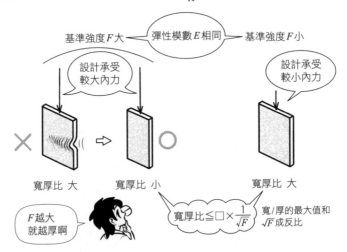

超過寬厚比限制值的部分，若是計入斷面會很危險，應視為無效（答案為○）。

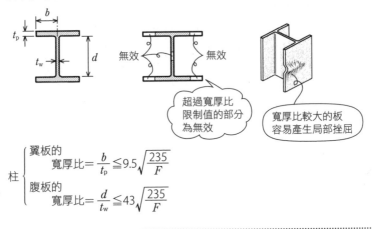

$$
\text{柱}
\begin{cases}
\text{翼板的} \\
\quad \text{寬厚比} = \dfrac{b}{t_{\mathrm{p}}} \leq 9.5\sqrt{\dfrac{235}{F}} \\
\text{腹板的} \\
\quad \text{寬厚比} = \dfrac{d}{t_{\mathrm{w}}} \leq 43\sqrt{\dfrac{235}{F}}
\end{cases}
$$

- -

答案 ▶ ○

13

板

Q 1. 鋼骨構材的寬厚比限制，在材料基準強度越小時越嚴格。

2. 柱使用的鋼材寬厚比限制，在H型鋼的腹板會和作為梁使用的情況相同。

A 柱梁（構架）的韌性（柔韌度）等級有FA、FB、FC，依下表來決定寬厚比的最大值。基準強度 F 越大，作用的壓應力越大，寬厚比的限制越小（越嚴格）（**1** 為 ╳）。此外，柱和梁有不同的寬厚比限制（**2** 為 ╳）。

依柱和梁，翼板和腹板，FA、FB、FC 而不同喔！

柱梁（構架）的韌性（柔韌度）等級

		H型鋼的柱		H型鋼的梁	
		翼板	腹板	翼板	腹板
F越大，最大值越小（越嚴格）	FA	$9.5\sqrt{\dfrac{235}{F}}$	$43\sqrt{\dfrac{235}{F}}$	$9\sqrt{\dfrac{235}{F}}$	$60\sqrt{\dfrac{235}{F}}$
	FB	$12\sqrt{\dfrac{235}{F}}$	$45\sqrt{\dfrac{235}{F}}$	$11\sqrt{\dfrac{235}{F}}$	$65\sqrt{\dfrac{235}{F}}$
	FC	$15.5\sqrt{\dfrac{235}{F}}$	$48\sqrt{\dfrac{235}{F}}$	$15.5\sqrt{\dfrac{235}{F}}$	$71\sqrt{\dfrac{235}{F}}$

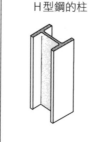

建告的表　F：基準強度

— Point —

寬厚比：柱≒梁　　　翼板＜腹板　　　FA＜FB＜FC
　　　　　　　　　　（嚴格）（寬鬆）　（嚴格）　　（寬鬆）

答案 ▶ 1. ╳　2. ╳

Q 柱、梁使用的材料從SN400B變更成SN490B時，寬厚比的限制值
會變大。

. . . .

A SN400B的基準強度F為235N/mm^2，SN490B的基準強度F為325
N/mm^2。400、490的數字是抗拉強度的下限值，為保證抗拉強度
的數值，基準強度F則由降伏點決定。

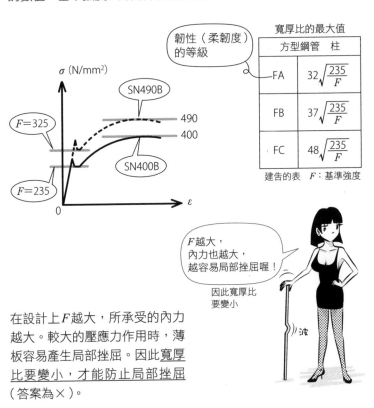

韌性（柔韌度）
的等級

寬厚比的最大值

方型鋼管　柱	
FA	$32\sqrt{\dfrac{235}{F}}$
FB	$37\sqrt{\dfrac{235}{F}}$
FC	$48\sqrt{\dfrac{235}{F}}$

建告的表　F：基準強度

F越大，
內力也越大，
越容易局部挫屈喔！

因此寬厚比
要變小

在設計上F越大，所承受的內力
越大。較大的壓應力作用時，薄
板容易產生局部挫屈。因此寬厚
比要變小，才能防止局部挫屈
（答案為×）。

┌─ Point ────────────────────
│ F大→壓應力大→容易局部挫屈→寬厚比小　$\Box \times \sqrt{\dfrac{235}{F}}$
└──────────────────────────

. . . .

答案 ▶ ×

Q 深度較高的H型斷面梁，所設置的中間加勁板具有提高腹板對剪力挫屈的承載力效果。

A 加勁板是為了加勁所加入的鋼板，亦稱補強材。

剪力 Q 作時，梁中央部會產生較大的剪應力 τ。產生 τ 就會形成45°方向的壓力和拉力。較強的壓力像波浪一樣拍打板，很可能產生局部挫屈。就像RC的箍筋一樣，加入和軸直交的板就可以抵抗 Q。加入梁的中間，所以稱為中間加勁板。

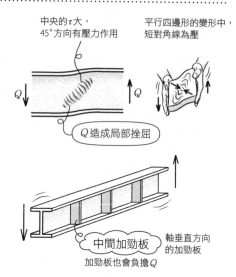

中央的 τ 大，45°方向有壓力作用

平行四邊形的變形中，短對角線為壓

Q 造成局部挫屈

中間加勁板

軸垂直方向的加勁板

加勁板也會負擔 Q

彎矩 M 作時，越往梁的上下緣，會產生越大的彎曲應力 σ_b（壓力、拉力）。邊緣的 σ_b 由翼板承受，腹板也有 σ_b 作用。壓力的 σ_b 越強越容易局部挫屈，如右圖在軸方向的加勁板，亦即加入水平加勁板，就可以防止局部挫屈。

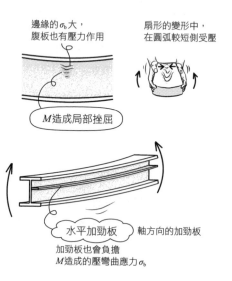

邊緣的 σ_b 大，腹板也有壓力作用

扇形的變形中，在圓弧較短側受壓

M 造成局部挫屈

水平加勁板

軸方向的加勁板

加勁板也會負擔 M 造成的壓彎曲應力 σ_b

答案 ▶ ○

Q 結構承載力上，作為主要部分的鋼材壓縮材，其柱的有效細長比是200以下，柱以外的部分是250以下。

. . . .

A 鋼索受拉會伸長，內部產生的拉力和外力互相平衡。鋼索受壓會往橫向彎曲，和外力平衡。這就是<u>挫屈</u>。較粗的棒受壓不會挫屈，而會縮短，內部產生的壓力和外力互相平衡。

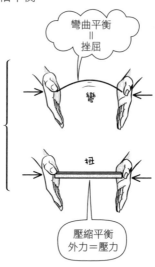

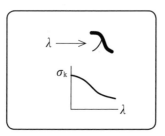

有效細長比　$\lambda = \dfrac{\ell_k}{i}$　…挫屈長度
　　　　　　　　　　…斷面二次半徑

<u>有效細長比 λ</u> 是結構的「細長度」，數值越大（越細長）表示越容易挫屈。基準法中規定，鋼材的柱在200以下，柱以外的壓縮材是在250以下，木造的柱則是150以下（答案為○）。挫屈時的壓應力 σ_k 和 λ 的圖解為向右下降的曲線，λ 越大（越細長）時，σ_k 變小，在較小力下產生挫屈。λ 是由挫屈長度 ℓ_k 除以斷面二次半徑 i 而得。

. . . .

答案 ▶ ○

Q 1. 鋼骨結構中，使用有效細長比較大的構材作為斜撐時，斜撐是設計成只對拉力有效的拉力斜撐。

　　2. 鋼骨結構中，有效細長比較小（20左右）的斜撐，和有效細長比在中等程度（80左右）的斜撐相比，變形能力較高。

....

A 有效細長比 λ 越大，挫屈時的壓應力（挫屈應力）σ_k 就越小，很容易就會挫屈。λ 較大的「細長」棒，只要些微施壓就會彎曲。相反地，λ 較小的「粗」棒，比較難挫屈，會縮短來抵抗外力。達到 σ_k 之前會縮短抵抗，因此 λ 小的斜撐，其變形能力就越高（韌性大）（**1**、**2** 為○）。

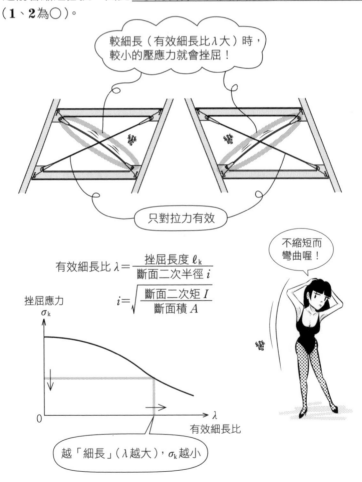

較細長（有效細長比 λ 大）時，較小的壓應力就會挫屈！

只對拉力有效

不縮短而彎曲喔！

有效細長比 $\lambda = \dfrac{\text{挫屈長度 } \ell_k}{\text{斷面二次半徑 } i}$

$i = \sqrt{\dfrac{\text{斷面二次矩 } I}{\text{斷面積 } A}}$

挫屈應力 σ_k

有效細長比

越「細長」（λ 越大），σ_k 越小

....

答案 ▶ 1. ○　2. ○

Q 鋼骨結構中，極限細長比在基準強度F越大時會越小。

A 挫屈應力σ_k和有效細長比λ的關係，如下圖所示（λ的背形），就把形狀記下來吧。和縱軸的交點就是材料的降伏點σ_y，是完全沒有彎曲且受壓時的壓應力。斷面完全在彈性狀態下彎曲的<u>彈性挫屈</u>，只會發生在細長比λ為一定以上的細長材。若比λ還要小（＝粗且短），斷面會有一部分塑性化，產生<u>彈塑性挫屈</u>。作為此分界的λ稱為<u>極限細長比</u>Λ（Lambda：大寫）。求取Λ的公式中，分母有F，因此F越大表示Λ越小。材料的降伏點越高，斷面的塑性化就越慢，彈性挫屈的範圍越大，Λ的位置向左移動。

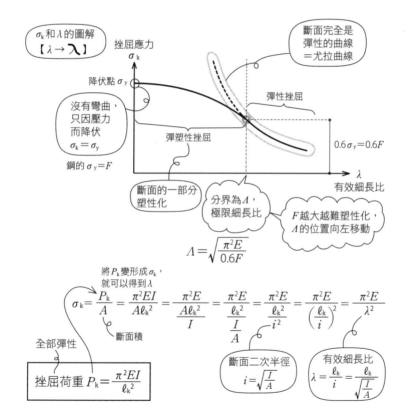

σ_k和λ的圖解
【λ→ㄌ】

挫屈應力 σ_k

降伏點 σ_y

斷面完全是彈性的曲線＝尤拉曲線

彈性挫屈

沒有彎曲，只因壓力而降伏
$\sigma_k = \sigma_y$

彈塑性挫屈

$0.6\sigma_y = 0.6F$

鋼的 $\sigma_y = F$

λ
有效細長比

斷面的一部分塑性化

分界為Λ，極限細長比

F越大越難塑性化，Λ的位置向左移動

$$\Lambda = \sqrt{\frac{\pi^2 E}{0.6F}}$$

將P_k變形成σ_k，就可以得到λ

$$\sigma_k = \frac{P_k}{A} = \frac{\pi^2 EI}{A\ell_k^2} = \frac{\pi^2 E}{\frac{A\ell_k^2}{I}} = \frac{\pi^2 E}{\frac{\ell_k^2}{\frac{I}{A}}} = \frac{\pi^2 E}{\frac{\ell_k^2}{i^2}} = \frac{\pi^2 E}{\left(\frac{\ell_k}{i}\right)^2} = \frac{\pi^2 E}{\lambda^2}$$

斷面積

全部彈性

挫屈荷重 $P_k = \dfrac{\pi^2 EI}{\ell_k^2}$

斷面二次半徑
$i = \sqrt{\dfrac{I}{A}}$

有效細長比
$\lambda = \dfrac{\ell_k}{i} = \dfrac{\ell_k}{\sqrt{\dfrac{I}{A}}}$

14

S造的柱和梁

答案 ▶ ○

$\mathbf{Q}$ 有效細長比越大的構材，受到挫屈的影響，容許壓應力會較小。

....

$\mathbf{A}$ 只因壓力而破壞時，鋼的短期容許壓應力＝降伏點 σ_y，長期容許應力＝$\frac{2}{3} \times \sigma_y$（短期是取 σ_y 和最大應力 $\times 0.7$ 之中較小者）。當材料較細長時（λ 大），σ_k 會變小，在些許力作用下就會產生挫屈破壞。因此<u>在設定上，作為法定壓應力限度的容許壓應力，也會和 σ_k 一樣變小（變嚴格）</u>（答案為○）。

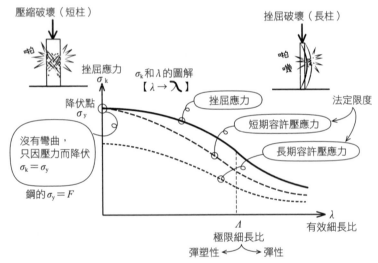

壓縮破壞（短柱）　　　　　　　　　　　挫屈破壞（長柱）

挫屈應力 σ_k

σ_k 和 λ 的圖解
【λ→入】

降伏點 σ_y

沒有彎曲，只因壓力而降伏 $\sigma_k = \sigma_y$

挫屈應力

短期容許壓應力

長期容許壓應力

法定限度

鋼的 $\sigma_y = F$

Λ

極限細長比

彈塑性 ←→ 彈性

λ　有效細長比

$$\left(細長比 = \frac{長度}{粗度} \right)$$

$$有效細長比\ \lambda = \frac{挫屈長度\ \ell_k}{斷面二次半徑\ i}$$

$$斷面二次半徑\ i = \sqrt{\frac{斷面二次矩\ I}{斷面積\ A}}$$

....

答案 ▶ ○

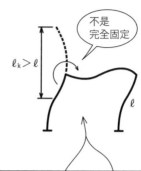

Q 構架結構的柱挫屈長度，在節點水平移動沒有受拘束的情況下，會比柱的節點間距離來得短。

A 彈性挫屈荷重P_k、有效細長比λ的公式中，皆有挫屈長度ℓ_k。不是實際的長度，而是代表<u>一個彎曲的長度</u>。兩端鉸接時和實寬ℓ相同，兩端固定時為0.5ℓ，一端固定則為0.7ℓ。一端可水平移動時，是ℓ、2ℓ的長度。構架的柱梁接合部會有些許旋轉，因此會在ℓ和2ℓ之間，比ℓ稍微長一些（答案為×）。

不是完全固定

$\ell_k > \ell$

ℓ

上端的橫向移動	拘　　　束			自　　　由	
兩端的旋轉	兩端鉸接	兩端固定	一端固定一端鉸接	兩端固定	一端固定一端鉸接
挫屈形式	ℓ				
挫屈長度 ℓ_k	ℓ	0.5ℓ	0.7ℓ	ℓ	2ℓ

ℓ　　　0.5ℓ　　　0.7ℓ　　　2ℓ

14

S造的柱和梁

Q 鋼結構中，同時承受壓力和彎矩作用的柱斷面，必須確認「平均壓應力 σ_c 除以容許壓應力 f_c 的值」加上「壓力側彎曲應力 $_c\sigma_b$ 除以容許彎曲應力 f_b 的值」的和要在1以下。

A 一般來說，柱同時會有壓力 N 和彎矩 M 作用。N 會均等分散在斷面上為 σ_c；M 則是越往邊緣，其分散範圍越大，為 σ_b。σ_b 分成壓力側的 $_c\sigma_b$ 和拉力側的 $_t\sigma_b$。只有 σ_c 時，f_c 為法定最大，$\sigma_c \leq f_c$（$\sigma_c/f_c \leq 1$）；只有 $_c\sigma_b$ 時，f_b 為法定最大，$_c\sigma_b \leq f_b$（$_c\sigma_b/f_b \leq 1$）。內力由 N 和 M 組合時，就是 $\sigma_c/f_c + _c\sigma_b/f_b \leq 1$（答案為○）。

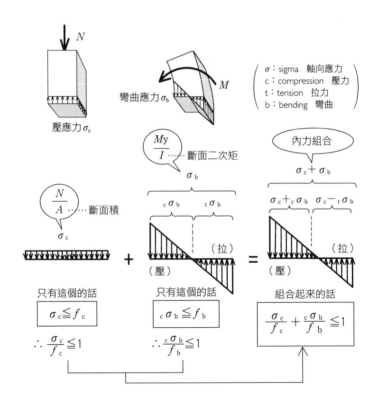

答案 ▶ ○

Q 鋼骨梁的深度在跨距 1/15 以下時，為了不讓建築物在使用上產生任何阻礙，只要確認固定荷重及承載荷重所產生的撓度最大值會在所定的數值以下就好。

....

A 梁深對跨矩在一定值以下時，必須確認最大撓度 δ_{max} 在一定值以下。只要確認這點，梁深就可能較小（答案為○）。δ_{max}／跨距中的 $\underline{\delta_{max}}$，要乘上考慮潛變的變形增大係數。潛變是指荷重持續作用下，變形、撓度增加的現象。這是混凝土、木材才有的現象，鋼材沒有，因此鋼梁的增大係數是1。

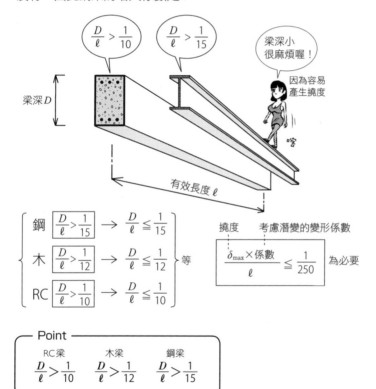

$$\text{鋼}\quad \boxed{\dfrac{D}{\ell} > \dfrac{1}{15}} \rightarrow \dfrac{D}{\ell} \leqq \dfrac{1}{15}$$

$$\text{木}\quad \boxed{\dfrac{D}{\ell} > \dfrac{1}{12}} \rightarrow \dfrac{D}{\ell} \leqq \dfrac{1}{12} \quad \text{等}$$

$$\text{RC}\quad \boxed{\dfrac{D}{\ell} > \dfrac{1}{10}} \rightarrow \dfrac{D}{\ell} \leqq \dfrac{1}{10}$$

撓度　　考慮潛變的變形係數

$$\boxed{\dfrac{\delta_{max} \times \text{係數}}{\ell} \leqq \dfrac{1}{250}}\quad \text{為必要}$$

┌ Point ─

RC梁　　　木梁　　　鋼梁

$$\dfrac{D}{\ell} > \dfrac{1}{10}\qquad \dfrac{D}{\ell} > \dfrac{1}{12}\qquad \dfrac{D}{\ell} > \dfrac{1}{15}$$

RC規範中的不等號為≧（參見R054）

14

S造的柱和梁

....

答案 ▶ ○

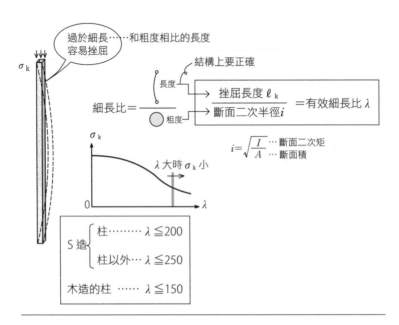

過於細長……和粗度相比的長度
容易挫屈

σ_k

結構上要正確

長度

細長比＝ $\dfrac{\text{長度}}{\text{粗度}}$ = $\dfrac{\text{挫屈長度 } \ell_k}{\text{斷面二次半徑 } i}$ =有效細長比 λ

$$i = \sqrt{\dfrac{I}{A}} \quad \begin{array}{l}\cdots\text{斷面二次矩}\\ \cdots\text{斷面積}\end{array}$$

σ_k

λ 大時 σ_k 小

0　　　　　　　λ

S 造 $\begin{cases}\text{柱} \cdots\cdots\cdots \lambda \leqq 200 \\ \text{柱以外}\cdots \lambda \leqq 250\end{cases}$

木造的柱 …… $\lambda \leqq 150$

梁深D

較粗時………和長度相比，深度較高
撓度較小

有效長度 ℓ

梁深
跨距比＝ $\dfrac{\text{粗度}}{\text{長度}}$ = $\dfrac{\text{深度}D}{\text{跨距}\ell}$

S造的梁　……$\dfrac{D}{\ell} > \dfrac{1}{15}$

木造的梁 ……$\dfrac{D}{\ell} > \dfrac{1}{12}$

RC造的梁……$\dfrac{D}{\ell} > \dfrac{1}{10}$

不管是柱或梁，
都是粗短者較好喔

Q 鋼骨結構中，設計Ｈ型斷面梁時，必須考慮側向挫屈。

A H型鋼有難以彎曲的強軸和容易彎曲的弱軸，強軸方向是用來承受彎曲作用。翼板可以抵抗壓力和拉力，為了抵抗彎曲，翼板會配置在梁的上下位置。<u>壓力側的翼板承受一定力以上時，會突然往側向產生挫屈</u>，使梁整體產生扭曲。往側向突出者就稱為<u>側向挫屈</u>（答案為○）。

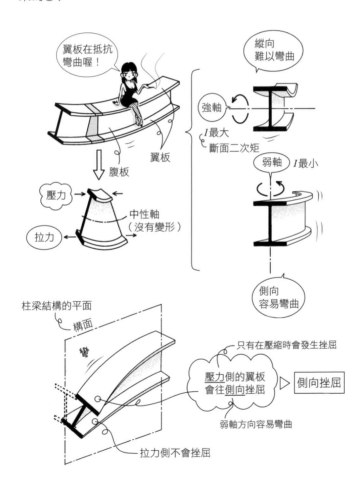

14

S造的柱和梁

Q 為了拘束梁產生側向挫屈的側向補強鋼材，必須有勁度和強度。

A H型鋼的梁會往側向扭曲突出，容易產生側向挫屈，因此在梁中間要設置<u>側向補強鋼材（小梁）</u>來防止。小梁將樓板荷重傳遞至大梁的同時，也可以防止梁的側向挫屈。大梁受到小梁壓制，因此小梁必須難以變形（勁度）且具有強度（答案為◯）。

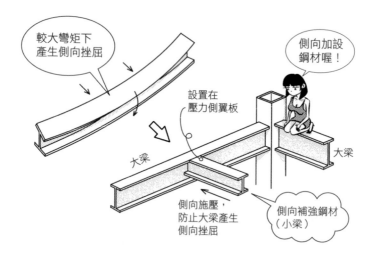

較大彎矩下產生側向挫屈

側向加設鋼材喔！

設置在壓力側翼板

大梁

大梁

側向施壓，防止大梁產生側向挫屈

側向補強鋼材（小梁）

就算中間加入小梁，還是可能像下圖左，2根大梁一起往側向產生撓曲突出。此時要如下圖右，加入斜撐增加面勁度（平行四邊形的變形困難度性質），穩固樓板，確實和梁接合在一起。

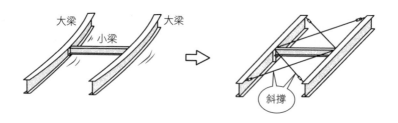

大梁　　　大梁

小梁

斜撐

答案 ▶ ◯

Q 1. 為了抑制H型鋼梁的側向挫屈，梁的弱軸四周有較小的細長比。
　 2. H型鋼的柱，為了防止翼板局部挫屈，翼板的寬厚比會比較大。

....

A 加入側向補強鋼材後，挫屈長度 ℓ_k 變短，細長比 λ 變小，挫屈應力
　 σ_k 就會變大，難以挫屈。此外，弱軸方向的 I 變大，使之難以變
　 形，也會讓 λ 變小，難以挫屈（**1** 為○）。柱的翼板又薄又寬（寬厚
　 比較大）時，比較容易產生局部挫屈（**2** 為✕）。

中間有拘束時，
ℓ_k 變短

板的寬/厚
較大時，
容易局部挫屈

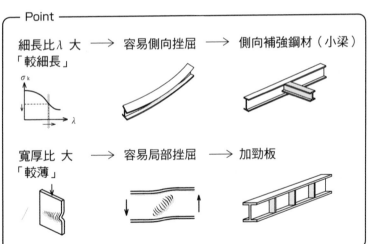

― Point ―

細長比 λ 大 ⟶ 容易側向挫屈 ⟶ 側向補強鋼材（小梁）
「較細長」

σ_k
↓
λ

寬厚比 大 ⟶ 容易局部挫屈 ⟶ 加勁板
「較薄」

14

S造的柱和梁

....

答案 ▶ **1.** ○　**2.** ✕

Q 在壓縮材的中間設置支承，加入側向補強鋼材時，會將壓力2%以上的集中側向力加在側向補強鋼材上進行檢討。

....

A 壓縮材的中間加入側向補強鋼材時，挫屈長度ℓ_k變短，挫屈荷重P_k和$\ell_k{}^2$成反比而變大，變得難以挫屈。

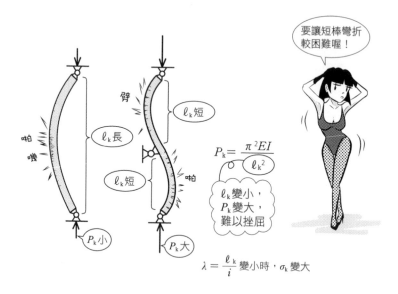

$$P_k = \frac{\pi^2 EI}{\ell_k{}^2}$$

ℓ_k變小，P_k變大，難以挫屈

要讓短棒彎折較困難喔！

$\lambda = \dfrac{\ell_k}{i}$ 變小時，σ_k 變大

壓縮材承受壓應力時，會產生側向突出彎曲的側向挫屈。此時壓力C有2%以上的集中荷重會作用在側向補強鋼材上（答案為○）。

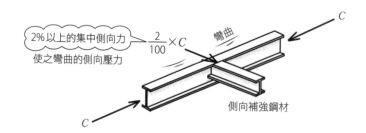

2%以上的集中側向力使之彎曲的側向壓力 $\dfrac{2}{100} \times C$ 彎曲

側向補強鋼材

....

答案 ▶ ○

Q 梁以均等間隔設置側向補強鋼材時，依梁的鋼種來說，相較於 SN400B，SN490B 需要設置側向補強鋼材的地方較少。

A SN490B、SN400B的490、400的值，是鋼材的抗拉強度下限值，保證會有 $\sigma - \varepsilon$ 圖頂點的值。平台的位置，也就是降伏點為基準強度 F，分別為 325 N/mm^2、235N/mm^2。F 值越大，表示可承受越大的彎矩 M，設計上可以有較大的 M 作用。

M作用較大的設計，梁容易產生側向挫屈。因此必須加入較多的側向補強鋼材（答案為×）。

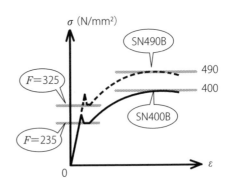

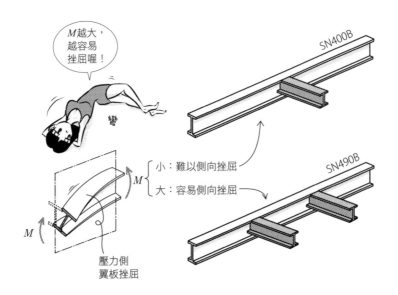

M越大，越容易挫屈喔！

M { 小：難以側向挫屈
大：容易側向挫屈 }

SN400B

SN490B

壓力側翼板挫屈

14

S造的柱和梁

答案 ▶ ×

Q H型鋼梁的容許彎曲應力，可在決定斷面尺寸後進行計算。

....

A 彎矩 M 作用時，越往上下邊緣會有越大的彎曲應力 σ_b 作用在斷面上。因此設計時，σ_b 必須在作為法定限制值的容許彎曲應力以下。

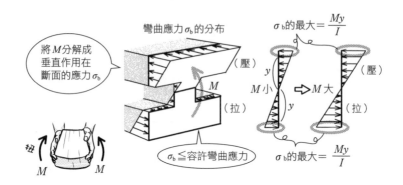

將 M 分解成垂直作用在斷面的應力 σ_b

彎曲應力 σ_b 的分布

（壓）

M

（拉）

$\sigma_b \leqq$ 容許彎曲應力

σ_b 的最大 $= \dfrac{My}{I}$

（壓）

M 小　⇨ M 大

（拉）

σ_b 的最大 $= \dfrac{My}{I}$

若使用可能產生側向挫屈的H型鋼梁，壓力側 σ_b 必須比拉力側 σ_b 來得嚴格（較小）。支承間距離 ℓ_k 越大，在較小的壓應力下就會側向挫屈，壓力側容許彎矩會比較小。梁的容許彎曲應力，除了斷面尺寸之外，也必須考慮和支承間的距離（答案為✕）。

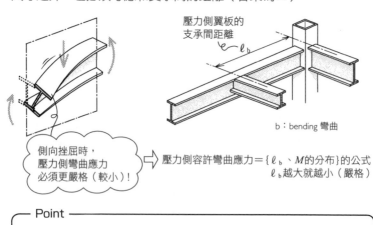

壓力側翼板的支承間距離

ℓ_b

b：bending 彎曲

側向挫屈時，壓力側彎曲應力必須更嚴格（較小）！

⇨ 壓力側容許彎曲應力＝{ ℓ_b、M的分布}的公式
ℓ_b 越大就越小（嚴格）

┌─ Point ─────────────────────────────
│　　沒有側向挫屈　⇨　容許彎曲應力＝鋼材的容許拉應力
│
│　　有側向挫屈　　⇨　壓力側容許彎曲應力＝ℓ_b 越大就越小
└──────────────────────────────────

....

答案 ▶ ✕

Q 荷重面內有對稱軸，且弱軸四周承受彎矩的溝型鋼，不需要考慮側向挫屈。

....

A 溝型鋼、H型鋼有強軸、弱軸，使用在柱時，「壓力」使弱軸方向彎曲產生挫屈。強軸方向有翼板在抵抗，會往較弱的方向彎曲。

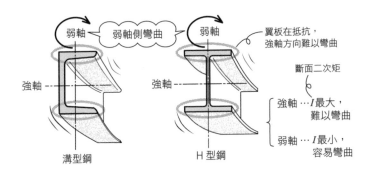

弱軸四周受到「彎曲」作用的溝型鋼、H型鋼，側向為強軸方向，難以彎曲。因此容易彎曲的弱軸方向會彎曲，側向、強軸方向不會產生側向挫屈（答案為○）。使用為梁時，為了讓強軸方向對彎曲有效，通常會將翼板配置在上下位置，不會有如下圖的使用方式。若為強軸四周受到彎曲作用的普通配置，側向（弱軸方向）會彎曲，容易產生側向挫屈。

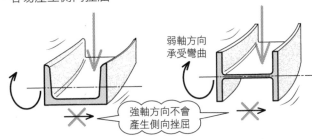

14

S造的柱和梁

....

答案 ▶ ○

Q 設計正方形斷面的方型鋼管柱時，沒有產生側向挫屈的危險，容許彎曲應力和容許拉應力有相同數值。

....

A 如下圖，為了易於了解，可以當作梁來看。H型鋼軸有強弱之分，就算強軸側可以抵抗彎曲，弱軸側還是有突然彎曲產生挫屈的危險。另一方面，正方形斷面的方型鋼管，在承受彎曲方向的直交方向，不會產生側向挫屈。因此彎曲應力 σ_b 只要考量壓力和拉力即可（答案為○）。側向挫屈時，容許彎曲應力會降低（較嚴格）。

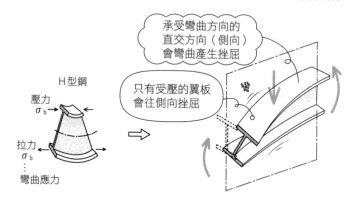

挫屈會發生在受壓材上，不會發生在受拉材。上圖右只有上翼板受壓，因此只有上翼板會挫屈。上翼板的下方有腹板，腹板側不會挫屈，而是往沒有腹板的側向挫屈。以結果來說就是形成側向扭曲的側向挫屈。下圖右是上翼板兩側都有垂直板（翼板），因此不會發生側向挫屈。

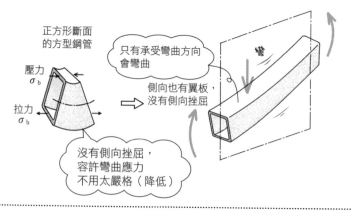

....

答案 ▶ ○

Q 山型鋼使用的斜撐，其有效斷面積是由斜撐的斷面積，減去扣件孔的缺損部分，以及突出腳的無效部分的斷面積而求得。

....

A fasten 是扣緊、固定，fastener 則是用來固定的物品的意思，扣件孔就是指螺栓孔。山型鋼（角鋼）製成的斜撐，在 L 型突出側，並不是所有面積都能夠有效抵抗內力。<u>計算時 1/2 為無效</u>，或是<u>依 1 列的螺栓根數，使用除去無效部分的比率</u>（答案為○）。由實驗結果導出的比率得知，螺栓越多越能確實鎖固，斷面各角落都有內力經過，有效斷面積會變大（鋼接指南）。

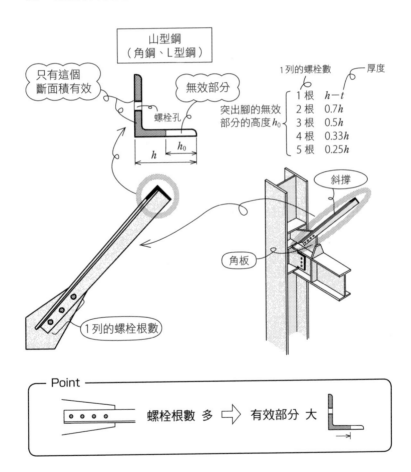

山型鋼
（角鋼、L型鋼）

只有這個
斷面積有效

無效部分

螺栓孔

突出腳的無效
部分的高度 h_0

1列的螺栓數　　厚度

1 根	$h-t$
2 根	$0.7h$
3 根	$0.5h$
4 根	$0.33h$
5 根	$0.25h$

h　　h_0

斜撐

角板

1列的螺栓根數

14

S造的柱和梁

— Point —

螺栓根數 多 ⇨ 有效部分 大

....

答案 ▶ ○

Q 鋼骨造的露出型柱腳中

1. 在不進行結構計算的情況下，若是使用錨定螺栓的基礎，固定長度要確保在錨定螺栓直徑的 10 倍以上。

2. 和柱最下端的斷面積相比，錨定螺栓的全斷面積比例要在 20% 以上。

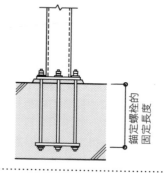

A 錨定螺栓可以埋入基礎的混凝土，或是落在鋼骨柱和柱底板的上方，大部分的柱腳使用雙重螺帽來鎖固。為了不讓錨定螺栓脫落或斷掉，要先決定固定長度和斷面積。錨定螺栓直徑為 d 時，固定長度要在 $20d$ 以上（**1** 為 ✕），錨定螺栓的全斷面積要在柱最下端斷面積的 20% 以上（**2** 為 ○）。有錨定螺栓＋柱底板成組製作的現成品。

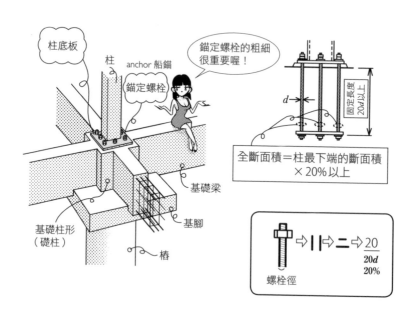

答案 ▶ 1. ✕   2. ○

Q 鋼骨造的根捲型柱腳中，根捲部分的高度
是柱寬（柱的正面寬度中較大者）的 2.5
倍，根捲頂部的剪力筋要密集配置。

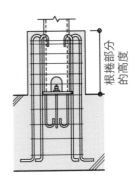

根捲部分的高度

A

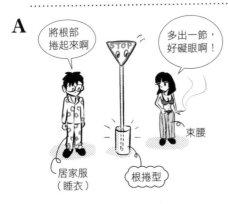

將根部捲起來啊

多出一節，好礙眼啊！

束腰

居家服（睡衣）

根捲型

根捲部分要埋入柱寬的 2.5
倍以上。柱受到水平力作用
時，在根捲混凝土頂部稍微
下方的位置，會有較大的力
作用。因此根捲頂部附近的
箍筋（剪力筋）要密集配
置，確實將混凝土拘束起來
（答案為○）。

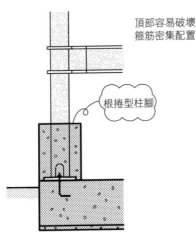

根捲型柱腳

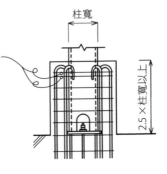

柱寬

頂部容易破壞，箍筋密集配置

2.5 × 柱寬以上

14

S造的柱和梁

Q 鋼骨造的埋入型柱腳中，鋼骨柱埋入混凝土部分的深度，要在柱寬（柱的正面寬度中較大者）的2倍以上。

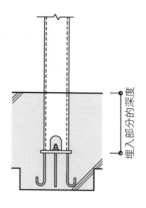

埋入部分的深度

A

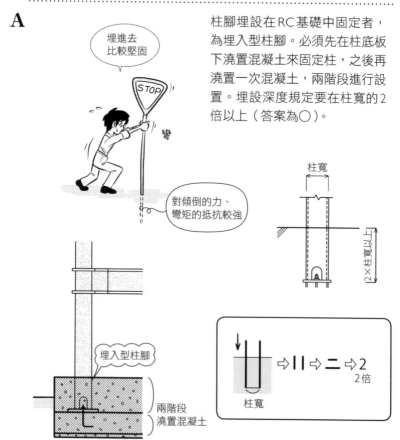

柱腳埋設在RC基礎中固定者，為埋入型柱腳。必須先在柱底板下澆置混凝土來固定柱，之後再澆置一次混凝土，兩階段進行設置。埋設深度規定要在柱寬的2倍以上（答案為○）。

埋進去比較堅固

STOP

對傾倒的力、彎矩的抵抗較強

埋入型柱腳

兩階段澆置混凝土

柱寬

2×柱寬以上

⇨ || ⇨ 二 ⇨ 2
2倍

柱寬

答案 ▶ ○

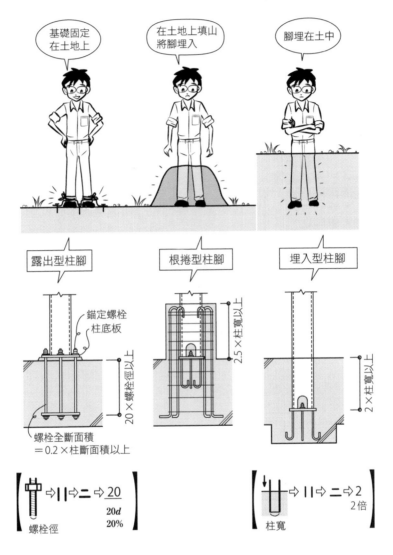

Q 1. 露出型柱腳比根捲型柱腳、埋入型柱腳更難確保穩定度，因此柱底板及錨定螺栓必須有較高的勁度。

   2. 露出型柱腳的剪承載力，是「柱底板下面和混凝土間產生的摩擦承載力」與「錨定螺栓的降伏剪力」之和。

. . . .

A

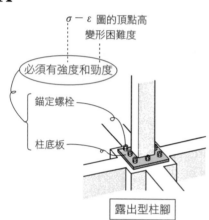

$\sigma - \varepsilon$ 圖的頂點高
變形困難度

必須有強度和勁度

錨定螺栓

柱底板

露出型柱腳

露出型柱腳不會埋入混凝土，只以柱底板和錨定螺栓固定，這兩者都必須有強度和勁度（**1**為○）。

柱腳的側向受到剪力作用時，是由柱底板下面的摩擦力和錨定螺栓的剪力兩方在抵抗。不過柱腳移動的最大剪力（剪承載力）是由較大者決定。這兩個力的最大值不會同時發生（**2**為×）。

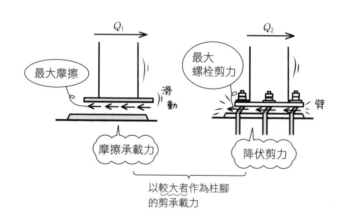

Q_1　　　　　　　Q_2

最大摩擦　　　　　最大螺栓剪力

滑動　　　　　　　臂

摩擦承載力　　　　降伏剪力

以較大者作為柱腳的剪承載力

. . . .

答案 ▶ 1. ○　　2. ×

Q 1. 露出型柱腳中，軸力會和剪力一起，配合伴隨著旋轉量拘束的彎
　　 矩進行計算。

　 2. 採用露出型柱腳時，會依柱腳的形狀評斷穩定度，決定反曲點高
　　 比求得柱腳的彎矩，進行錨定螺栓和柱底板的設計。

....

A 柱腳以<u>鉸接</u>假固定時，柱腳作用的彎矩為0。用2根螺栓固定的柱
　 腳，常將之單純化，假設為鉸接固定，但也因而發生許多螺栓斷掉
　 等災害。因此要以露出型柱腳的形式來評斷<u>穩定度</u>，彎矩正負交換
　 的高度，也就是突出部左右交換的<u>反曲點高度</u>，求出對比於整體的
　 高度比。此<u>反曲點高比</u>可以得到柱腳的彎矩。<u>穩定度越高，彎矩越
　 大</u>（**1**、**2**為○）。

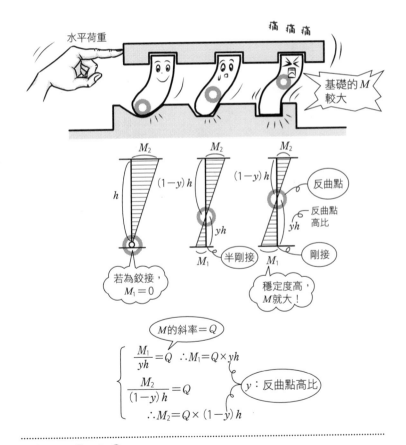

Q 軸力和彎矩作用的露出型柱腳設計中，將柱底板的大小假設為鋼筋混凝土柱的斷面尺寸時，拉力側錨定螺栓要當作鋼筋進行容許應力設計。

A 負擔軸力和彎矩的露出型柱腳，假設柱底板的大小就是RC柱的斷面時，錨定螺栓要視為拉力鋼筋進行內力計算，確定在容許應力以下（答案為○）。錨定螺栓可以抗拉，對壓縮無效，因此視為鋼筋時還是對壓縮無效。

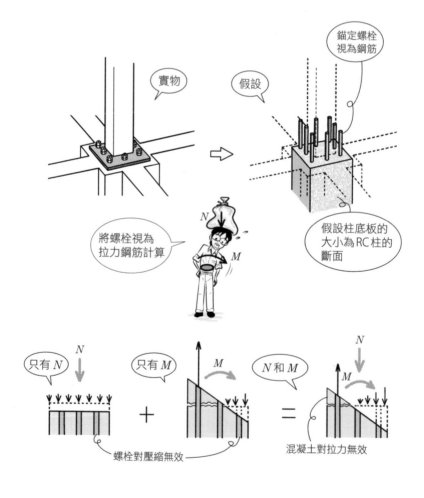

Q 作用在埋入型柱腳的內力，會隨著埋在基礎混凝土中的柱和周邊混凝土之間的握裹力，傳遞至更下方的結構。

A 握裹力是混凝土表面和鋼表面握裹的力量（R048），並不是大到能夠支撐柱的力量（答案為×）。承受柱的軸力 N、剪力 Q、彎矩 M 的是混凝土的<u>支承壓力</u>。支承壓力是混凝土承受部分壓力所產生的力（參見R042）。壓力是作用在混凝土整體的力，支承壓力是部分作用的力。部分受壓時，未受壓周圍的混凝土會受到受壓部分的拘束，比整體受壓時更難破壞。因此，<u>承載強度＞抗壓強度</u>。

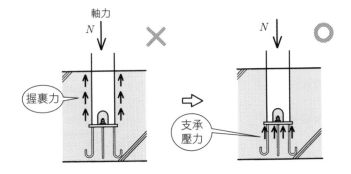

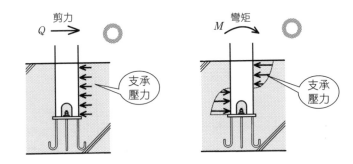

Q	A
比重 ⎰混凝土 / 鋼筋混凝土 / 鋼	2.3 2.4 7.85
混凝土的抗壓強度　約	**24**(N/mm²)
SN400 的 ⎰抗拉、抗壓強度 / 降伏點	**400**(N/mm²) **235**(N/mm²)
SN490 的 ⎰抗拉、抗壓強度 / 降伏點	**490**(N/mm²) **325**(N/mm²)
混凝土 ⎰長期容許應力　( )F_c / 短期容許應力　( )F_c 鋼 ⎰長期容許應力　( )F / 短期容許應力　( )F （F_c、F：設計基準強度）	$\dfrac{1}{3}F_c$ / $\dfrac{2}{3}F_c$ ⎱壓 $\dfrac{2}{3}F$ / F ⎱拉壓彎曲
鋼的剪力 ⎰長期容許應力　( )F / 短期容許應力　( )F	$\dfrac{1}{\sqrt{3}}\cdot\dfrac{2}{3}F$ $\dfrac{1}{\sqrt{3}}F$
彈性模數 E ⎰鋼 / 混凝土	**2.05**×**10⁵**(N/mm²) **2.1**×**10⁴**(N/mm²)

Q	A
混凝土、鋼的 剪彈性模數 $G=($　$)E$	$G=0.4E$
浦松比 $\nu = \dfrac{\varepsilon'}{\varepsilon} = \begin{cases} \text{混凝土} \\ \\ \text{鋼} \end{cases}$ $\varepsilon=\dfrac{\Delta \ell}{\ell}$ 縱向應變　$\varepsilon'=\dfrac{\Delta d}{d}$ 側向應變	**0.2** **0.3**
混凝土、鋼的 線膨脹係數　$\dfrac{\Delta \ell}{\ell}$	1×10^{-5}
鋁 $\begin{cases} \text{比重} \qquad \text{鋼的（　）倍} \\ \\ E \qquad\qquad \text{鋼的（　）倍} \\ \\ \text{線膨脹係數}\quad\text{鋼的（　）倍} \end{cases}$	$\dfrac{1}{3}$ 倍 (2.7) $\dfrac{1}{3}$ 倍 (0.7×10^5) **2** 倍 (2.3×10^{-5})
$\begin{cases} \text{S造的梁}\cdots\cdots\dfrac{D}{\ell}>\dfrac{1}{(\ )} \\ \\ \text{木造的梁}\cdots\cdots\dfrac{D}{\ell}>\dfrac{1}{(\ )} \\ \\ \text{RC造的梁}\cdots\cdots\dfrac{D}{\ell}>\dfrac{1}{(\ )} \end{cases}$ 	$\dfrac{1}{15}$ $\dfrac{1}{12}$ $\dfrac{1}{10}$ $\left(\text{RC規範中}\dfrac{D}{\ell}\geqq\dfrac{1}{10}\right)$
有效細長比　$\lambda = \dfrac{(\qquad)}{(\qquad)}$	挫屈長度 ℓ_k 斷面二次半徑 i $=\dfrac{\ell_k}{\sqrt{\dfrac{I}{A}}}$

15

默背的數字

Q	A
柱的有效細長比 S造 ｛ 柱………λ≦（　　） 柱以外…λ≦（　　） 木造的柱………λ≦（　　）	200 250 150 σ_k　【λ→ 入】 λ大時σ_k小
RC造結構體的尺寸 柱寬　　　　≧（　）×梁心間高度 梁深　　　　≧（　）×柱心間跨矩 剪力牆厚　　≧（　）×淨高 樓板厚　　　≧（　）× 短邊方向的 　　　　　　　　　　　有效跨矩 懸臂樓板厚　≧（　）×突出長度	$\dfrac{1}{15}$ $\dfrac{1}{10}$ $\dfrac{1}{30}$ $\dfrac{1}{40}$ $\dfrac{1}{10}$
RC造的鋼筋量 ｛ 梁：主筋比 $p_g=\dfrac{a_g}{bD}≧$（　）% 　　　（有構架的梁） 柱：主筋比 $p_g=\dfrac{a_g}{bD}≧$（　）% 梁：拉力鋼筋比 $p_t=\dfrac{a_t}{bd}≧$（　）% 　　　　　　　　└有效深度 ｛ 梁：肋筋比 $p_w=\dfrac{a_w}{bx}≧$（　）% 　　　（剪力筋比） 柱：箍筋比 $p_w=\dfrac{a_w}{bx}≧$（　）% 　　　（剪力筋比） 地板：樓板筋比 $p_g=\dfrac{鋼筋斷面積}{全斷面積}≧$（　）% 剪力牆： 　　剪力筋比 $p_s=\dfrac{a_t}{tx}≧$（　）%	0.8%　（0.8%） 0.8%　　　　×2 0.4%　（0.4%）　較細 　　　　　　×$\dfrac{1}{2}$ 0.2% 0.2%　（0.2%）　耐震 　　　　　　　　很重要 0.2%　　　　+0.05 0.25%　（0.25%）

Q	A
RC造鋼筋 柱 　主筋　D（　）以上、（　）根以上	D13以上、4根以上
剪力筋　D（　）以上、@（　）mm以下 　（箍筋）	D10以上、100mm以下
梁 　主筋　D（　）以上	D13以上
剪力筋　D（　）以上、@（　）mm以下 　（肋筋）	D10以上、@250mm以下

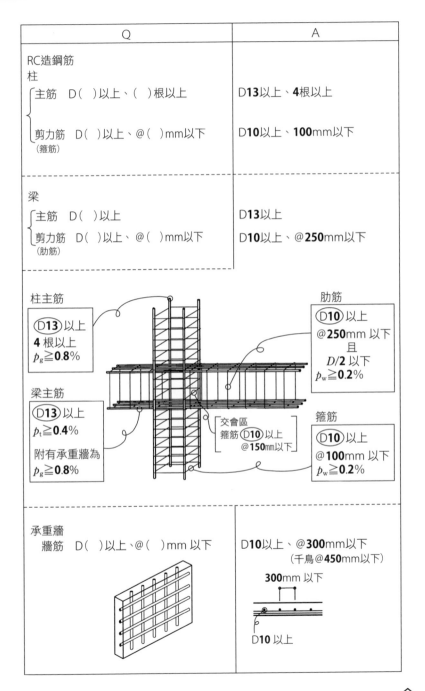

柱主筋
D13 以上
4 根以上
$p_g \geqq 0.8\%$

梁主筋
D13 以上
$p_t \geqq 0.4\%$
附有承重牆為
$p_g \geqq 0.8\%$

交會區
箍筋 D10 以上
@150mm以下

肋筋
D10 以上
@250mm 以下
且
$D/2$ 以下
$p_w \geqq 0.2\%$

箍筋
D10 以上
@100mm 以下
$p_w \geqq 0.2\%$

承重牆
　牆筋　D（　）以上、@（　）mm 以下

D10以上、@300mm以下
（千鳥@450mm以下）

300mm 以下

D10 以上

Q	A
壁式RC造	
地上層數 ≦（　　）層	**5**
建物高　≦（　　）m	**20**
樓高　　≦（　　）m	**3.5**
設計基準強度≧（　　）N/mm²	**18**
承重牆長度≧（　　）cm	**45**
$\ell \geqq (\quad) h$	**0.3**
$\ell_0 + h_0 \leqq (\quad) cm$	**80**
承重牆 的牆量 ⎰ 由上 ⎱ 至3層　（　　）cm/m²	**12**
4～5層（　　）cm/m²	**15**
地下層　　　（　　）cm/m²	**20**

Q	A
標準剪力係數C_0 $\begin{cases}容許應力設計時 \quad C_0 \geqq (\quad) \\ 必要極限水平承載力計算時 C_0 \geqq (\quad)\end{cases}$	**0.2**…相當於加速度$0.2G$ $\big\rceil$ **1** …相當於加速度$1G$ $\big\rfloor$
（1次設計） 層剪力$Q_i = W_i \times (\quad) \times (\quad) \times (\quad) \times C_0$ $\Rightarrow \begin{array}{l}0.2G\\以上\end{array}$ Q_i	$Q_i = W_i \times (Z \times R_t \times A_i \times C_0)$
（2次設計） 極限水平承載力$Q_u \geqq Q_{un} = (\quad) \times (\quad) \times Q_{ud}$ 喘 喘 喘 $\Rightarrow \begin{array}{l}1G\\以上\end{array}$ Q_u $\qquad$ Q_{ud}	必要極限水平承載力$\begin{cases}以C_0 \geqq 1\\計算的Q_i\end{cases}$ $Q_{un} = D_s \times F_{es} \times Q_{ud}$
結構特性係數 $D_s \begin{cases} RC \cdots \geqq (\quad) \sim (\quad) \\ S \cdots \geqq (\quad) \sim (\quad) \\ SRC \cdots \geqq (\quad) \sim (\quad) \end{cases}$	**0.3～0.55** **0.25～0.5** **0.25～0.5**
水平力分擔率 $\beta_u = \dfrac{(\qquad)}{(\qquad)}$	$\dfrac{承重牆(斜撐)的水平承載力}{整體的水平承載力}$ $\beta_u 大 \rightarrow D_s 大$
偏心率$R_e \leqq (\quad)$	$R_e \leqq \mathbf{0.15}$ （$R_e > 0.15 \rightarrow F_e > 1$）
剛性模數$R_s \geqq (\quad)$ 因此 $F_{es} = F_e \times F_s = 1$	$R_s \geqq \mathbf{0.6}$ （$R_s < 0.6 \rightarrow F_s > 1$）

國家圖書館出版品預行編目資料

圖解RC造＋S造練習入門：一次精通鋼筋混凝土造＋鋼骨造的基本知識、應用和計算／原口秀昭著；陳曄亭譯. --二版.--臺北市：臉譜，城邦文化出版：家庭傳媒城邦分公司發行, 2022.03

面；　公分. --（藝術叢書；FI1039X）

譯自：ゼロからはじめる「RC＋S構造」演習

ISBN 978-626-315-072-0（平裝）

1. 鋼筋混凝土　2. 結構工程

441.557　　　　　　　　　　　　　　　　110021651

藝術叢書　FI1039X

圖解RC造＋S造練習入門
一次精通鋼筋混凝土造＋鋼骨造的基本知識、應用和計算

作　　　者	原口秀昭
譯　　　者	陳曄亭
審　訂　者	呂良正、楊慕忠
副總編輯	劉麗真
主　　　編	陳逸瑛、顧立平
封面設計	陳文德

發　行　人　涂玉雲
出　　　版　臉譜出版
　　　　　　城邦文化事業股份有限公司
　　　　　　台北市中山區民生東路二段141號5樓
　　　　　　電話：886-2-25007696　傳真：886-2-25001952
發　　　行　英屬蓋曼群島商家庭傳媒股份有限公司城邦分公司
　　　　　　台北市中山區民生東路二段141號11樓
　　　　　　客服服務專線：886-2-25007718；25007719
　　　　　　24小時傳真專線：886-2-25001990；25001991
　　　　　　服務時間：週一至週五上午09:30-12:00；下午13:30-17:00
　　　　　　劃撥帳號：19863813　戶名：書虫股份有限公司
　　　　　　讀者服務信箱：service@readingclub.com.tw
香港發行所　城邦（香港）出版集團有限公司
　　　　　　香港灣仔駱克道193號東超商業中心1樓
　　　　　　電話：852-25086231　傳真：852-25789337
馬新發行所　城邦（馬新）出版集團 Cité (M) Sdn Bhd
　　　　　　41-3, Jalan Radin Anum, Bandar Baru Sri Petaling, 57000 Kuala Lumpur, Malaysia
　　　　　　電話：603-90563833　傳真：603-90576622
　　　　　　E-mail: services@cite.my

二 版 一 刷　2022年3月29日
二 版 二 刷　2024年6月27日

ISBN 978-626-315-072-0

定價：420元